International Biobusiness Studies

バイオビジネス・18

高品質が牽引するマーケティング戦略

東京農大型バイオビジネス・ケース（NBC）

東京農業大学

国際バイオビジネス学科

【編集】渋谷往男・半杭真一

はしがき

［高品質が牽引するマーケティング戦略］

－東京農大型ケース・メソッド第18弾－

　東京農業大学国際食料情報学部国際バイオビジネス学科の編纂する『バイオビジネス』シリーズは、2002年に第1号が出版されて以来、全17号が刊行されました。第18号となる今回は、「東京農大経営者フォーラム2017」および「東京農大経営者フォーラム2018」において、「東京農大経営者大賞」を受賞された経営者から経営実践を紹介します。

　東京農大経営者フォーラムでは、東京農業大学各学部ならびに短期大学部の卒業生の中から、農林業、造園業、醸造業、食品加工業、流通業、環境産業などの「農」を取り巻く産業において、第一線で活躍され特筆すべき業績をあげられた経営者に、毎年「東京農大経営者大賞」「東京農大経営者賞」「東京農大経営特別賞」を授与しています。授賞の審査にあたっては、近年の多様なジャンルの経営活動を的確に評価するため、①企業家精神、②経営の安定性、③先進性、④社会性、⑤将来性・発展性、⑥総合評価の6つの基準に則って、現地調査を含めたさまざまな角度から審査・評価し、選考しています。第18号では、経営者大賞受賞者から部門のバランスに鑑み、「東京農大経営者フォーラム2017」から2名、「東京農大経営者フォーラム2018」から2名について掲載いたします。

　第18号において経営実践を紹介する方々の概要は次の通りです。

　第1章に取り上げた株式会社サンファーマーズ代表取締役の稲吉正博氏は、独自の養液栽培技術による高糖度トマト生産を開始するとともに、同じ方式で栽培する農家の参画を得て「アメーラ」を商標とする生産体制を確立し、アメーラトマトの販売やマーケティングを一元的に担う株式会社サンファーマーズを設立して日本を代表する高糖度トマトブランド「アメーラ」を生産する企業集団に発展させてきたこと、最近では、スペインに合弁会社を設立し、欧州全域への出荷を計画しておられること等が高く評価されています。第2章に取り上げた石鎚酒造株式会社専務取締役の越智浩氏と取締役製造部長の越智稔氏のご兄弟は、中小酒蔵の新たな家族醸造システムモデルを確立し、地域農業振興のため地元酒造用米の採用、国内外での酒品質鑑定会における数々の受賞による高品質ブランドの確立、高い品質を評価してくれる販売店との直接取引による流通コストの低減等で収益率の高い安定的な経営を実現しています。第3章に取り上げた株式会社澄川酒造場の澄川宜史氏は、2013年7月に発生した集中豪雨により本社工場などが壊滅的な被害を受けましたが、高い清酒製造技術への信頼により、翌年には新蔵

を建設し奇跡的な復活を果たしたこと、生産の効率化と高品質生産を両立させる製品製造システムの確立、地元米と県内消費の拡大など地域と関わる酒造経営、後継者育成への貢献などが高く評価されています。第4章で取り上げた株式会社大場造園代表取締役会長の大場淳一氏は、ご自身の強いリーダーシップのもと事業規模を拡大し、造園施行会社としての社会的な地位を確立されてきたことが挙げられます。さらに、大場造園の高い技術力を活かすべく巨木の移植を可能とする立曳工法技術を継承する一方で、屋上緑化で必要とされる人工軽量土壌や薄層緑化システム、壁面緑化システムの開発、芝生化を通じた環境教育の実践、ISO9001取得、従業員教育や作業管理システムの構築などに果敢にチャレンジし、広く都市緑化に尽力されています。

　本書では、これら著名な経営の業績や経営成果、経営展開過程、現在の経営状況と今後の経営課題など、経営実践全般について整理・分析しました。また、各章末に「東京農大経営者フォーラム」での講演要旨、紹介事例に関わる演習課題・参考情報も併せて掲載するなど、読者が各事例をケース・メソッドの素材として有効活用できるように工夫をしています。

　なお、本書『バイオビジネス』シリーズは、東京農業大学国際バイオビジネス学科で開講されている「バイオビジネス経営実践論」、「バイオビジネス経営学演習」等の副読本としても利用されています。特に2年生の必修授業である「バイオビジネス経営実践論」は、東京農大経営者大賞を受賞された経営者の皆様から経営の現場や業界の動向について直接お話しを聞くことができる授業で、学生の間でも人気の科目となっています。

　最後になりましたが、本書のケース紹介のために、ご多忙中にもかかわらず貴重なデータや情報を快くご提供してくださった稲吉正博氏、越智浩氏、越智稔氏、澄川宜史氏、大場淳一氏には、改めて心より感謝申し上げます。

　『バイオビジネス』シリーズにつきましては、今後も内容を一層充実していきたいと考えておりますので、読者の皆様から、本書に対する忌憚のないご意見、ご批判をいただければ幸いです。

2020年3月5日

編集代表：渋谷往男・半杭真一

4

表彰式に向かう2017年度東京農大経営者大賞受賞者

表彰式に向かう2018年度東京農大経営者大賞受賞者

**講演をする株式会社サンファーマーズ
稲吉正博氏**

**講演をする石鎚酒造株式会社
越智浩氏**

**講演をする株式会社澄川酒造場
澄川宜史氏**

**講演をする株式会社大場造園
大場淳一氏**

目　次

バイオビジネス・18
高品質が牽引するマーケティング戦略

－東京農大型ケース・メソッド第 18 弾－

目 次

［第2章］

高品質に裏付けられた限定流通が可能にしたマーケティング
― 石鎚酒造株式会社　越智浩氏・越智稔氏が示す日本酒販売の方向性 ―

目 次

［第 3 章］

顧客、地域と共生する高付加価値型の地方酒造場
― 山口県萩市・(株)澄川酒造場 ―

［第4章］

伝統技術と現代技術の融合による自社技術の開発、経営管理の改善、ステークホルダーとの確かな信頼関係を軸に造園ビジネスを確立
― 株式会社大場造園代表取締役会長　大場淳一氏の挑戦 ―

第1章

高糖度トマト日本一から世界一を目指して

–変化と進化を求める
株式会社サンファーマーズ・稲吉正博氏の軌跡–

今井麻子・井形雅代・天野香・新部昭夫

1．はじめに

　日本人の食卓に欠かせないトマト。好きな野菜の上位にランクし、生食はもちろん、加熱調理にも利用されるようになったことに加え、リコピンなどの機能性成分を多く含んでいる点からもファンは多い。

　トマトは南米原産といわれ、17世紀終頃はじめて日本に伝わったとされている。この頃はまだヨーロッパでもトマトが普及しておらず、わが国においても観賞用であった。明治になると、トマトは野菜の一つとして再輸入され、主に加工や調理に利用されるようになった。**カゴメ株式会社**[注1]の前身がトマトケチャップの製造に着手したのは早くも1903年のことである。昭和に入り、アメリカから酸味が少なく果実の大きい品種が再び輸入されたことにより、生食用トマトが本格的に浸透し、太平洋戦争後は食の洋風化にともないサラダの主役の地位を確立し、**ファーストタイプ**[注2]のトマトの開発によって一段と需要が拡大した。しかし、生産地と消費地が遠くなるにつれ、日持ちのするトマトが求められるようなり、**タキイ種苗株式会社**[注3]が開発した'**桃太郎**'[注4]は、**完熟系トマト**[注5]として広く普及し、現在でも人気が高い。そして、現在は、ミニトマトや中玉トマトなどの大きさ、黄色やオレンジなどのカラフルな色、そして、本ケースでみる高糖度トマトなど、大きさ、色、味、用途などが異なる様々なトマトが存在するようになっている。

　後述するように、現在、作付面積で全国の約10％、生産量で同約20％を占める熊本県をはじめとして、トマトは全国で栽培されており、多くのブランド化されたトマトが乱立している。そのなかで、一定量以上を生産しつつも、市場の評価はもとより、一般家庭からシェフに至るまで多くの顧客を獲得しているブランドはそう多くはないであろう。本章でケースとして取り上げる（株）サンファーマーズ（以下、サンファーマーズ）は、独自の栽培技術とマーケティングにより、高糖度トマト生産の先駆者として市場を切り開き、その地位を不動のものとした。また、さらなる規模拡大をすすめ、地域の雇用を創出し社会貢献への道を歩むと同時に、高糖度トマト世界一を目指して海外進出にも着手している。

　本章の主人公である稲吉正博氏（以後、稲吉氏と略記）は、ゼロからトマト栽培に挑戦し、サンファーマースというビジネスモデルを創造・けん引してきた。現在までに至る道のりは、厳しい環境のもとにある農業経営に大きな示唆を与えてくれる。本章では、特に

注1：蟹江一太郎がトマトの栽培に着手し、1899年に創業、1963年カゴメ株式会社となる。トマト加工事業国内最大手。

注2：大玉で果肉がしっかりしており、冬季でも酸味が少ないことからトマトの主流であったが、日持ちがしないことから、'桃太郎'の出現によって生産量はわずかとなったが、現在でも生産されている。果実が大きく、先がと尖っているのが特徴。

注3：1835年に創始された種苗の開発・生産・販売等を事業とする日本を代表する種苗企業。売上高518億円（2019年4月期）、世界14か国に海外拠点をもつ。

注4：タキイ種苗株式会社が開発したトマトの品種。生産地と消費地が遠くなって輸送に耐える硬さを保つためには青いうちに収穫しなければならなくなり、味の劣化が課題となっていたことから、輸送に耐える硬さ、甘み、桃色の外観（当時赤いトマトは加工用とみなされたため）をしたトマトの開発に着手し1983年に完成した。これまでにないネーミングやプロモーションも大きな話題となった。現在わが国で栽培されているトマトの約70％が'桃太郎'系といわれる。

注5：「完熟」の定義はないものの、青いうちに収穫されたトマトの味と比較して、糖度が比較的高めで甘味や酸味のバランスが良いトマトを「完熟系」と総称している。

ブランド化のプロセスに焦点をあて、サンファーマーズの成功要因を探っていきたい。

2．わが国における野菜およびトマトの生産概要

1）野菜生産の概要

　野菜はビタミン、ミネラル、植物繊維などを豊富に含み、私たちの健康を維持するために必要不可欠な食物である。2017 年におけるわが国の野菜の産出額は 2 兆 4,508 億円であり、全農業産出額の約 26％を占める。部門別の産出額では、畜産に次ぐ第 2 位となっており、米を上回るものとなっている。

　図1−1は野菜の作付面積と生産量の推移を示したものである。野菜の生産額および作付面積は 1980 年ごろにピークを迎え、生産者の減少や高齢化などを背景に、減少傾向で推移してきた。2016 年の作付面積は約 41 万 ha、生産量は約 1,163 万トンであり、近年は共に横ばい傾向にある。他方、野菜の需要も減少傾向となっているが、加工向けを中心に輸入量が全体の 2 割程度を占める状況が続いている。

　野菜は、植物の特性を踏まえた植物学、栽培することを前提とした園芸学などの分野での分類をはじめ、流通、消費などの視点からも様々な分類が可能であるが、農林水産省の生産・出荷統計では、葉茎菜類、果菜類、根菜類、果実的野菜、その他の野菜に分類され、全国的に流通し、特に消費量が多く重要な野菜 14 品目を指定野菜としている。このうち、トマトは、果菜類の指定野菜として分類されている。

　図1−2に示すとおり、2016 年における野菜の産出額のうち、トマトは生産額が最も多く、約 10％を占めている。これにいちご、ねぎ、きゅうり、キャベツなどを加えた主要 10 品目で全体の 6 割程度となっている。

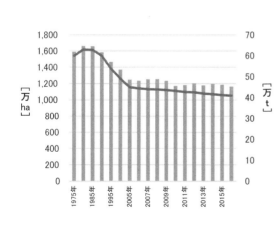

図1−1 野菜の作付面積および生産量の推移

出所：農林水産省「野菜生産出荷統計」「地域特産野菜生産状況調査」「特用林産物生産統計調査」「食料需給表」

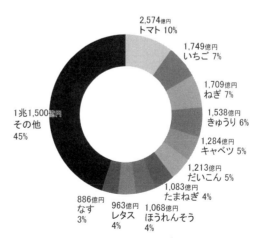

図1−2 野菜の出荷額の品目別割合（2016 年）
野菜の作付面積および生産量の推移

出所：農林水産省「生産農業所得統計」

15

2）トマトの生産

　前述のとおり、トマトは高度経済成長の頃から生食用として本格的に食卓に親しまれるようになってきた。原産地の気候は、雨が少なく強い日の光と昼夜の温度差が特徴的であるため、わが国における産地も時期により夏は高冷地へ、冬場は暖かい地方へと移動していく。また、統計では、生産時期に応じて「冬春トマト」と「夏秋トマト」に分類されている。さらに、後述するように、施設栽培技術が発達し周年出荷も可能となったことから、わが国におけるトマトの作型は非常に複雑となっている。

　前述のとおり、トマトは品目別の産出額が第1位の野菜である。**図1−3**に示すとおり、作付面積は減少傾向にあるものの、出荷量は、最近15年間は65万トン前後で推移しており、年間生産額は約2,500億円となっている。都道府県別には、**表1−1**に示すとおり、熊本県が作付面積の約10％、生産量・出荷量では約20％を占め、ともに最も多く、10a当たり収量11,000kgと最も多い。熊本県では周年栽培が発達しているため収穫量および単位面積当たりの収量も大きい。同様に、千葉県、栃木県、岐阜県でも周年出荷が主流となっている。また、茨城県では春〜秋にかけて収穫を行う生産が主流である。他方、愛知県や福岡県など比較的温暖な地域では「冬春トマト」が、北海道、福島県、群馬県、長野県など比較的寒冷な地域では「夏秋トマト」が生産の主流である。

　わが国で生産されるトマトの品種は120種類以上あるとされている。前述のとおり、食用としてのトマトは明治初期に輸入されたが、大正末期に導入されたアメリカ系の 'ポンデローザ' は、桃色系で果実が大きく、酸味が少なく、トマト特有の臭みも少なかったため広く普及し、日本人のトマトに対するイメージをつくったといわれる。この 'ポンデローザ' から多くの日本独自のファーストトマト系品種が育種された。また、昭和初期からは**F1**育種もはじまり、昭和の中ごろからは、高温多湿のわが国でも栽培がしやすい耐病性品種の育種が行われるようになり、現在では複数の病気に抵抗性をもつ品種および作型の分化にも対応した品種が育成されるようになった。

　現在、市場に出回っているトマトは、大きさによる分類では、大玉トマト、中玉トマト、ミニトマト、マイクロトマトの4種類に分けられ、それぞれ多くの品種がある。品種によって外観や味などに大きな違いがあり、調理用・加工用の品種も育成されている。さらに、品種とは別に、栽培方法による区分もある。その中に、「フルーツトマト」と呼ばれる種類のトマトがあり、トマトの中の水分を極力抑えて完熟させ、糖度を高めたものの総称である。「フルーツトマト」の糖度に関しては具体的な基準は決まっていないが、糖度8度以上のものを「高糖度トマト」とする例が多い。本ケースでとりあげる「アメーラ」も「高糖度トマト」のブランドの一つである。他には、「塩トマト」と呼ばれる土壌塩分が強い地域で栽培された甘味の強いトマトもある。品種や種類については**表1−2**に整理している。

注6：雑種第一代（first filial generation）のことで、一代目の子孫に限って安定的な収量を得られる品種として、種苗業者等が開発し、生産現場で広く普及している。

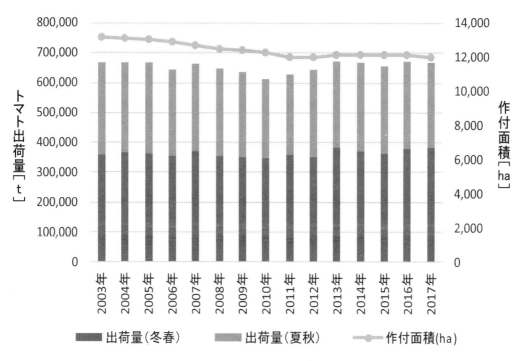

図１－３ トマトの作付面積および出荷量の推移

出所：2018 年「野菜出荷統計」から作成

表１－１ トマト生産の都道府県ランキング

作付面積			10 a 当たり収量		収穫量			出荷量		
都道府県	(ha)	全国に対する割合(%)	都道府県	(kg)	都道府県	(t)	全国に対する割合(%)	都道府県	(t)	全国に対する割合(%)
熊　　本	1,250	10.6	熊　　本	11,000	熊　　本	137,200	18.9	熊　　本	132,800	20.2
茨　　城	915	7.8	栃　　木	10,300	北 海 道	54,900	7.6	北 海 道	50,500	7.7
北 海 道	804	6.8	愛　　知	9,250	愛　　知	46,900	6.5	愛　　知	44,000	6.7
千　　葉	780	6.6	高　　知	9,150	茨　　城	46,300	6.4	茨　　城	43,900	6.7
愛　　知	507	4.3	宮　　崎	8,630	千　　葉	37,200	5.1	栃　　木	33,700	5.1
青　　森	369	3.1	埼　　玉	7,900	栃　　木	36,000	5.0	千　　葉	33,600	5.1
長　　野	364	3.1	群　　馬	7,440	福　　島	23,000	3.2	岐　　阜	20,800	3.2
福　　島	361	3.1	岐　　阜	7,230	岐　　阜	22,700	3.1	群　　馬	20,500	3.1
栃　　木	349	3.0	長　　崎	6,870	群　　馬	22,100	3.1	福　　島	20,400	3.1
岐　　阜	314	2.7	北 海 道	6,830	福　　岡	18,700	2.6	福　　岡	17,200	2.6

出所：2018 年「野菜出荷統計」から作成

表1-2 トマトの区分と主な品種特徴

区分		品種名	特徴
用途による区分	生食用 大玉トマト	桃太郎	タキイ種苗株式会社が育種した品種で、果重は200g前後。桃色で甘味が強く、酸味とのバランスもよい。ゼリーの部分は多めであるが、果肉はしっかりしている。1985年に登場して以来トップシェアを誇る。フルーツトマトや塩トマトの多くは品種としては桃太郎。また、耐病性や作型への適応などから現在は20種類程度の'桃太郎'系品種がある。適した作型：夏秋雨よけ、ハウス半促成、ハウス抑制
		桃太郎ゴールド	2009年に登場した桃太郎のオレンジ版。味は比較的あっさりしているが、料理の際の彩よい。
		スーパーファースト	三愛種苗株式会社の育種した肥大が良いファースト系トマト。空洞果になりにくい。適した作型：促成、半促成
		りんか409	株式会社サカタのタネが育種した日持ちの良い大玉品種。生理障害も少ない。品種名で出回ることは少ない。適した作型：夏秋、抑制
		麗夏	株式会社サカタのタネが育種した日持ちの良い大玉品種。果肉が固くしっかりとしているため日持ちが良い。適した作型：夏秋栽培
	中玉トマト	カンパリ	オランダから導入された品種。複合耐病性があり、各作型で栽培成能。適した作型：夏秋雨よけ（無加温）、促成
		フルティカ	タキイ種苗株式会社が育種した品種で、糖度が高く食感も良い。適した作型：促成、半促成、ハウス抑制
	ミニトマト	アイコ	株式会社サカタのタネが育種した品種で、細長い卵型。果肉が厚くゼリーが少なく食味が良い。適した作型：促成、夏秋、抑制
		ルビーラッシュ	カネコ種苗株式会社が育種した品種で、酸味が少なくそろいが良い。適した作型：促成、長期越冬栽培
		千果99	タキイ種苗株式会社が育種した品種で、果実の色が濃く、糖度と酸味のバランスが良い。適した作型：ハウス抑制、促成
	マイクロミニトマト	マイクロトマト	直径1cm程の小さなトマト。甘味は強い。
	調理用	ラウンドレッド	カゴメ株式会社が開発した調理・生食兼用トマト。
		すずこま	（独）農業・食品産業技術総合研究機構東北農業研究センターと全国農業協同組合連合会（JA全農）が共同開発した調理用トマト。丸種株式会社生産・販売。ミニトマトで、糖度が高く食味は良い。生理障害にも強い。適した作型：早熟、雨よけ、露地、抑制、促成
栽培方法による区分	フルーツトマト（高糖度トマト）	アメーラ	静岡県農業試験場（現静岡県農林技術研究所）が開発した養液栽培システムによって作られた高糖度トマトのブランド。株式会社サンファーマーズの登録商標。
		徳谷トマト	高知県で生産される塩トマトの元祖といわれるトマト。
		ロイヤルセレブ	熊本県八代産の糖度10以上の%の高糖度塩トマト。

出所：農林水産省「aff2017年8月号」、田淵俊人（2017）：『まるごとわかるトマト』、誠文堂新光社、農文協編（2015）：『トマト事典』、農山漁村文化協会、旬の食材百科ホームページ https://foodslink.jp/syokuzaihyakka/syun/vegitable/tomatoVarie1.htm、野菜情報サイト野菜ナビホームページ https://www.yasainavi.com/zukan/tomato.htm から作成

3）野菜およびトマトにおける施設栽培の発達

　農業は、太陽光や土壌の養分など自然の力を利用しながら行われてきた。しかし、豊作・不作を繰り返すことは、食料供給や農業経営の面では極めて不安定であり、農繁期と農閑期を生じさせるなど労働力利用にも課題があった。また、野菜作においては、需要が拡大するなか1年を通じて新鮮な生産物を供給する必要があり、トンネルやハウスなどを利用し植物の生育環境を調整できる施設園芸が発達してきた。

　初期の施設栽培は「温室栽培」などと呼ばれ、低温期に保温し生育の促進や安定化をはかることが主な目的であった。さらに、堅牢な施設や設備を導入した周年出荷が目指されるようになり「施設園芸」という用語が定着した。

　現在、野菜は露地と施設で生産されている。露地では、広い面積が必要で比較的気象の影響を受けづらい根菜類および葉茎菜類を中心に栽培されている。一方、施設園芸は小さい面積でも収益を上げることができる品目を中心に栽培されており、果菜類がその中心と

なっている。

　図１－４は野菜作におけるガラス温室およびハウスの設置実面積と施設園芸農家（販売農家）数の推移を示しているが、近年施設園芸農家数は減少しており、ガラス温室およびハウスの設置実面積も、1999年の約53,500haをピークに2016年には約43,500haへと減少している。2016年では、施設園芸による野菜栽培は、施設園芸全体の7割を占めている。また、表１－３に示すとおり、野菜の中でも、トマトは施設栽培延面積および収穫量ともに最も多くなっており、トマト栽培は施設に大きく依存しているのがわかる。

　近年、施設園芸の施設・設備および使用する資材、施設内の環境を制御する情報技術は大きく変化しており、今後いっそう生産性向上を図るために、高度な環境制御技術の導入を推進する必要がある。次節ではそうした施設園芸技術の発達と今後の展望について触れておきたい。

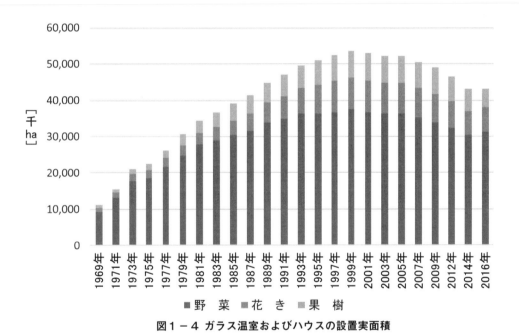

図１－４ ガラス温室およびハウスの設置実面積

出所：農林水産省「農林業センサス」

表１－３ 野菜の施設栽培延面積（上位品目）と収穫量

品目	施設栽培延面積（千㎡）	収穫量（ t ）
トマト	70,828	566,118
ほうれんそう	69,113	70,635
いちご	38,563	133,745
きゅうり	37,345	337,432

出所：農林水産省「園芸用施設の設置等の状況」

注：2015年11月1日から2016年10月31日までの間に栽培に使用したもの

3．施設園芸技術の発達

1）植物工場の概要

　植物工場とは、外界と遮断した施設内で、光、温度、湿度、CO2濃度、養分など植物の生育環境要素を制御して野菜などの栽培を行ない、安定的な周年・計画生産を可能にする生産システムである。植物工場は光源に蛍光灯や **LED**[注7]などの人工光を使用することから、人工光型植物工場（Plant Factory with Artificial Light, PFAL）といわれ、日本が30年以上前から開発してきた技術である。この植物工場技術は、建物を完全に閉鎖した環境で野菜を栽培することを目的としており、太陽光の利用を中心に発達したヨーロッパの施設園芸と異なる技術である。しかしながら近年では、太陽光を利用しているハウスでも内部の環境制御を人工的に行なっている施設を太陽光型植物工場（Solar Plant Factory）として、日本では植物工場の範疇に含めている。また、太陽光型に光の透過性の悪い部分にLEDを補助的に利用している場合は太陽光・人工光併用型植物工場ともいう。植物工場の類型区分は**表1－4**に示した通りである。この併用型も合わせて、太陽光型はオランダでは施設園芸の基本構造であり、日本では特にオランダ型植物工場と呼んでいる。

　植物工場が注目される理由は、第一に品質が安定した野菜を計画的に生産できることである。これは季節変動や天候に左右されやすく品質も生産量も不安定になりやすい露地栽培に比べ、植物工場では点灯管理や栽培環境を制御することで植物の生育に最適な環境を作り、季節に関係なく安定した計画栽培、周年出荷ができることにある。また、外界と遮断した施設内で養液栽培を行なうことで病害虫の発生を抑え、無農薬栽培を可能とし、安全安心な野菜生産ができるメリットもある。その他、栽培期間を短縮し、ハウス内の立体化・多段化栽培も可能で、露地栽培に比較して土地面積当たりの生産性ははるかに高い。将来的には、異常気象による農産物生産に対するリスク低減や農業に適さない土地や環境汚染・土壌汚染が進む地域、水資源に乏しい地域での農産物生産に植物工場の活用が期待される。

　植物工場は、人工光型と太陽光型の2つの形態によって栽培に適した品目が異なる。人工光型植物工場は、閉鎖した環境で光や温度、CO2などを制御して発育速度を高め、安定した計画栽培が可能である点が最大のメリットであるが、逆に、太陽光に比べ人工照明の照度が低い。したがって**光要求量**[注8]が10,000ルクス程度の低い光量でも十分に育つレタスやハーブなど葉物栽培が中心とならざるを得ない。また光の照射効率を上げるため近接照明方式を採用しているので、背の高い作物の栽培には適していない。これに対して太陽光型は、従来のハウスに環境制御システムを導入した施設であるため十分な自然光を得ることができ、葉物類をはじめ70,000ルクスおよび50,000ルクスの光量が必要なトマ

注7：LEDは発光ダイオードの略で、植物に赤色や青色のLED波長を当てることによって光合成を促進し、葉や子実の成長を促す効果がある。

注8：野菜には強い光がないと育ちにくいスイカ、トマト、ナス、ピーマンや、日陰でも十分育つスイカ、トマト、ナス、ピーマンなど種類によって光に対する要求度が大きく異なる。

トやイチゴなどの果菜類の栽培も可能である。

　植物工場の建設経費としては、植物工場の基本技術である環境制御に関わるセンサーなどのハード類や制御システムなどのソフト類、閉鎖空間を作るための施設建設費など初期導入コストは高額である。また照明設備の光源として蛍光灯やLEDにかかる電気料金や温度調節をするための冷暖房費、CO_2発生装置など維持管理経費も高い。太陽光型植物工場では、人工光型に比べいずれもコスト面では低く有利である。しかし、日本の夏の高温環境や冬の低温環境に対しては、太陽光型は密閉性が低く外部環境の影響を受けやすいため冷暖房効果は低下し、一定の温度を維持するためのコストが多くかかる場合がある。また、ハウス内の温度が極端に上昇したときは、CO_2濃度をはじめ各種の環境制御を犠牲にして天窓の開閉を行なう必要があり、最適環境での栽培が困難な場合が多い。このため、外部環境の影響による品質のバラツキを防ぎ安定した栽培を行なうためには高い栽培管理技術と知識を有した経営者が必要といわれている。

2）わが国における植物工場の発展

　植物工場の黎明期は約30年以上前の1980年代にさかのぼる。1985年に開催されたつくば科学万博で日立製作所が展示した人工光型モデルプラントが植物工場のさきがけとされている。光源は高圧ナトリウムランプを用い一段棚の平面栽培の植物工場であったが、植物工場への期待が高まり第一次植物工場ブームが沸き起こった。次に、1990年代前半から農林水産省の「先進的農業生産総合推進対策事業」が導入されたことにより、キユーピー㈱などの企業参入が促進されて第二次植物工場ブームとなった。キユーピー㈱は自社で植物工場を建設するとともに、植物工場ユニットを製作して市場に投入したことで植物工場施設が急増した。現在は、2009年から農林水産省と経済産業省による国家プロジェクトとしてオープンイノベーション型拠点整備事業が展開され、大型の植物工場施設が全

表1－4　植物工場の類型区分表

植物工場の形態	光　源	施　設	栽培に適する品目	建設場所
人工光型	LED、蛍光灯	密閉型建屋	レタス、ハーブなどの葉菜類	非農地
太陽光型	太陽光	温室	葉菜類およびトマト、パプリカ、イチゴなどの果菜類	農地
太陽光・人工光併用型	太陽光 + LED	温室	葉菜類およびトマト、パプリカ、イチゴなどの果菜類	農地

出所：井熊均・三輪泰史（2014）:『植物工場経営』、日刊工業社、古在豊樹監修（2014）:『植物工場の基本』、誠文堂新光社を参考に著者作成

国に次々と建設されて第三次ブームとなっている。現在の植物工場の光源は熱放射が少なく植物に近接して照明ができるLEDが主体となり、照明効率が向上し、**多段栽培**も可能になっている。注9

　植物工場に対する期待は各年代とともに拡大をしてきたが、大きな設備投資が必要であるため、これまでも採算が採れずに撤退した企業が多い。近年は、植物工場技術の前進によって生産効率が格段に向上し、LEDの導入などによる電力消費も減少しているが、販売面においては露地野菜に比べ生産コストが何割も高く、スーパーでの買取り量が制限されて販売残が大きいこともある。また、マニュアル通りに管理しても品種によって品質のばらつきが大きく、安定した生産が困難な場合が多い。植物工場の規模や栽培される野菜品種によっても異なるが、安全性や品質の高さをブランドとして宣伝しても生産コストが高く安定供給ができないことが、植物工場野菜が市場に浸透しない理由とされている。そのため、特に人工光型植物工場では現在も経営企業の倒産や赤字経営体が多い。このように、植物工場は流通や市場開拓など経営的課題が多く残されており、環境制御技術も研究途上であることから、植物工場技術は未だ完成していないといえる。

　一方、オランダでは1980年代から大型施設園芸における技術革新が進み、栽培環境を最適化する環境制御技術が実用化された。オランダではもともと**作物モデリング**の研究注10が進んでいた背景があり、日射量、温度、湿度、CO_2、養分など野菜の成長に影響する要因を複合的に制御して、精密な生育予測にもとづく植物の非線形な発育環境を最適化する技術開発に成功した。この環境制御技術によって、制御しやすいトマトやパプリカなどの果菜類を導入して従来の生産量に比べ多いもので8倍、トマトでも3倍の生産量を上げている。オランダでは植物工場という呼び方はないが、植物工場で最も重要な環境制御技術の成功は、AI農業の成功事例といわれる。作物モデリングの導入が進んでいない日本では、環境要因の単体制御を中心に技術開発が進められたが、施設内外の環境要因の非線形制御を可能にする総合制御技術の開発が重要である。

　稲吉氏の経営する植物工場は、1haの大規模太陽光型植物工場であり、共同で合計4haのトマト植物工場を経営している。育苗においても人工光型植物工場育苗ユニットを施設内に導入して、周年栽培を可能する計画的育苗栽培を行なっている。稲吉氏は大型の施設園芸や植物工場の技術をよく研究しており、オランダ型植物工場についてもそのメリット・デメリットの調査も詳細に行なっている。そして、夏季高温の日本の気象環境では太陽光型植物工場の完全導入は難しいという判断から、高温時にはCO_2の2〜3倍濃度の制御を止め、天窓を開放して温度を下げ、外気CO_2濃度と同等の室内CO_2濃度（400ppm）を維持する環境管理手法を行なっている。また、トマトの糖度を高めて市場占有率を向上させるため、点滴灌漑を重視した環境制御を行ない、安定した高品質を持つ

注9：栽培棚を垂直方向に配置した多段棚を使用することにより、床面積あたりの生産能力を大幅に増やすことができる。
注10：光、気温、酸素濃度、CO_2濃度などの気象条件と窒素含量、水分含量などの土壌条件などから光合成量と発育速度を推定し、植物の成長と発育、収量を予測する手法。

トマトの周年出荷を可能にし、「アメーラ」トマトのブランドを確立した。

　稲吉氏の植物工場経営の成功は、多額の初期投資が必要で栽培できる品目が少ない人工光型植物工場を採用しなかったこと、通常の施設園芸での豊富な栽培経験にもとづき太陽光型植物工場の利点を活かした環境制御に成功して安定した生産を可能にしたこと、マーケット調査を行なって市場価値の高い高糖度のトマト生産に徹したこと、などが挙げられる。

４．（株）サンファーマーズの経営展開と生産技術

１）稲吉氏のあゆみと高糖度トマト生産への参入

　本ケースの主人公の稲吉氏は、静岡県静岡市の出身である。家業は種苗販売業で、農家ではないものの、地域の農業と共に歩んできた。高校を卒業した稲吉氏は、本学の農学科（当時）に進学するが、後掲の受賞記念講演でも述べているとおり、北海道での酪農経営を目指して畜産学科（当時）に転科し、２年生を終えた後に１年間休学して日本各地で畜産実習に励んでいる。「実は酪農経営には挫折した」と話しているが、この時、様々なタイプの経営者や農場運営に触れたことも、その後の経営者としての考えや、行動に何らかの影響を与えているとのことであった。

　卒業後は大手種苗業会社での研修を経て、実家の種苗販売会社に入社し、種苗販売や農業用資材の販売、農業用ハウス建設に携わることとなった。家業は、種苗会社や農家と安定的な取引ができ、また、施設栽培を導入する経営もあり、業績は悪くはなかった。稲吉氏は家業を大きくしようと様々なことに挑戦し、一時は、親戚がやめた鉄工場の経営も行っていたが、成功には至らなかった（実は、後にハウスの販売にこの経験は役立った）。しかし、静岡県でも農家の減少や高齢化が進むなか、次第に顧客の減少が顕著となり、地域貢献のためには自らが農業を行わなければならないと強く思うようになっていた。

　入社から15年程が経過し、農業への参入を模索していたところ、1994年に静岡県農業試験場（現在の静岡県農業技術研究所）が、「高糖度トマトのつくり方」という研究を発表した。これは、少量培地による根域制限、つまり、根が一定以上広がらないようポットで栽培し、高EC培養液の少量多頻度灌水、すなわち、栄養価の高い養液を点滴で少量ずつ施す方法で、水分を制限することによって甘いトマトの生産を目指すものであった。静岡県は温暖な気候を利用したトマト、キュウリ、イチゴ施設園芸が盛んな地域であり、それらを支える技術開発も盛んに行われていた。稲吉氏は参入のターゲットを高付加価値の農産物に絞っており、この技術を応用した高糖度トマト生産への参入を決意した。

２）高糖度トマト生産の開始

　1995年、稲吉氏は高糖度トマトの生産のため、家業とは別に有限会社ハニーポニックを設立し、もともと農家であった高橋氏および稲吉氏の同級生であった杉山氏の賛同を得て、高糖度トマト生産の技術開発を開始した。前述のとおり、基本技術は、静岡県農業試

験場が開発したものであるが、これを実際の経営に取り入れるためには様々な工夫が必要であった。例えば、試験場は、春作では高糖度のトマトが作れるが、夏秋作の栽培期間は高温期であるため難しいであろうという見解であったという。しかし、経営という視点からは周年出荷が必要だと考えた稲吉氏らは、周年出荷のための技術を独自に開発するしかなかった。本格的な生産開始後もうまく作れない作型もあり、苦労が多かったと稲吉氏は振り返っている。

　技術開発を開始してから約3年後の1997年3月、有限会社ハニーポニック他、前述の2戸が法人化した2法人の計3法人は、ＪＡおおいがわに「アメーラ会」というグループを設立し、「アメーラ」を商標とした高糖度トマトの生産・出荷をスタートさせた。ＪＡおおいがわにはすでにトマト部会があったが、稲吉氏のグループが地元の生産者ではなく、また高糖度トマトへの馴染みもなかったことから、トマト部会に入れてもらえず、稲吉氏らもトマト部会の枠にはまりたくないという思いがあった。

　当初は、「市場でも全く相手にされなかった」ということであるが、甘味と酸味のバランス、深い味わい、生でも調理しても美味しく使いやすいといった特徴は市場で高評価を受けるようになり、顧客も拡大してきた。2000年にはさらに2法人が参加し、2003年には4法人共同で「営農組合アメーラ倶楽部」を立ち上げ、国庫補助で2.5haのアメーラ生産団地を設置し大規模生産を開始した。こうした生産量の拡大や、京浜の有力市場との交渉などから、アメーラが広く認知されるようになり、市場からの出荷拡大の要望がくるようにもなってきた。また、マスコミにも取り上げられるようになり、さらに栽培面積を増やしていったが、暖地の静岡で面積を拡大したとしても、夏から秋にかけては集荷量が激減し、なかなかニーズにこたえることはできなかった。

　その頃、偶然知り合った長野県軽井沢町出身の東京農大卒の先輩がアメーラ生産に参加する事になり、高冷地の軽井沢町でのアメーラの栽培をすることで、夏秋の出荷への見通しがつくこととなった。しかし、アメーラは静岡経済連経由で全国の卸売市場に出荷しており、静岡県経済連では長野県産のトマトは扱えないということになった。そこで、2005年、5法人が株主となり株式会社を設立して、静岡県産と長野県産のアメーラをその会社ですべて買取り、その会社からＪＡおおいがわに出荷することで、長野県産も静岡経済連で扱えるようにした。その会社が「株式会社サンファーマーズ」であり、稲吉氏は設立と同時に専務取締役に就任している。したがって、設立当初は、サンファーマーズ自体はトマト生産を行うわけではなく、ブランド・品質管理、出荷管理、技術指導を専門に行う会社となっていた。

3）サンファーマーズのさらなる展開

　アメーラブランドが浸透し、需要が拡大するなかで、主に、夏季の安定生産を求め生産規模の拡大が行われた。また、アメーラの生産およびサンファーマーズに参加する法人の数も拡大し、2020年現在でサンファーマーズは10法人の出資によって構成されて

いる。これら 10 法人は、それぞれ自宅周辺で栽培ハウスを持っているが、規模を拡大するにあたり団地生産方式が採用された。これは株式会社サンファーマーズが栽培適地を探し、まとまった面積を確保し、生産農家を募る方式である。新しい生産団地に参加するのは 4 〜 6 社で、集団で栽培することにより、定植作業や片付け作業など短時間に集中して行なわなければならない作業を各社が助け合うことで集中的に、効率的にできるというメリットがある。

　団地方式による農場は、2009 年に長野県軽井沢町（株式会社サンファーム軽井沢）、2010 年に静岡県富士宮市（株式会社サンファーム富士）、2014 年に同じく静岡県富士宮市（営農組合サンファーム朝霧）、2016 年に静岡県小山町（株式会社サンファーム富士小山）、2017 年に藤枝直営農場（株式会社サンファーマーズ藤枝農場）と、次々と設置され、周年出荷体制を盤石なものとした。現在、サンファーマーズは、サンファーマーズを立ち上げた 10 法人、それらが参加して立ち上げた 5 法人（生産団地農場）および直営農場という構成となり、2017 年 3 月までに栽培面積は 22.5ha まで拡大している。こうした経営の展開は**表1－5**に、アメーラおよび後述のルビンズの生産量の推移は**図1－5**に、現在の組織構成の詳細は**図1－6**にそれぞれ示すとおりである。

　なお、株式会社サンファーム富士小山は、2014 年、「攻めの農林水産業の旗艦」ともいうべき、**次世代施設園芸導入加速化支援事業**[注11]に全国 10 か所の拠点の一つである静岡県

表1－5　（株）サンファーマーズと稲吉氏の歩み

年・月	経営の展開	稲吉氏の歩み	作付面積
1994年秋	高糖度トマト「アメーラ」の試作を開始		
1995年11月		有限会社ハニーポニック代表取締役	
1996年4月		稲吉種苗株式会社代表取締役	
1997年10月	アメーラ栽培を3戸（社）で開始		0.9ha
1998年3月	アメーラの出荷開始		2.0ha
2000年秋	栽培農家2戸（社）参加		4.5ka
2003年3月	営農組合アメーラ倶楽部竣工（4社参加）		
2005年5月		株式会社サンファーマーズ専務取締役	
2005年秋	栽培農家3戸（社）参加		5.8ha
2006年10月	アメーラルビンズ栽培開始		6.2ha
2008年2月		静岡県農業法人協会会長	
2009年3月	（株）サンファーム軽井沢竣工（6社参加）		12.9ha
2010年1月		静岡県農業経営士認定	
2011年3月	（株）サンファーム富士山竣工（4社参加）		15.5ha
2012年3月	日本農業賞集団組織特別賞受賞 （株式会社サンファーマーズ）		
2012年6月		株式会社サンファーマーズ代表取締役	
2012年6月		稲吉種苗株式会社代表取締役会長	
2015年3月	営農組合サンファーム朝霧竣工（3社参加）		17.9ha
2016年3月	（株）サンファーム富士小山竣工（4社参加）		21.9ha
2016年11月		静岡県農林水産業功労者表彰授与	
2017年3月	サンファーマーズ直営藤枝農場竣工		22.5ha

出所：（株）サンファーマーズ資料

注11：日本における施設園芸の収益性を向上していくため、オランダの施設園芸を日本型にアレンジした高収益施設園芸モデルとして、「次世代施設園芸拠点」を整備している。次世代施設園芸拠点では、①高度な環境制御技術の導入による生産性向上、②地域エネルギーの活用による化石燃料依存からの脱却、③温室の大規模化や生産から出荷までの施設の集積により、所得の向上と地域雇用の創出が期待されている。2013 年度より、全国 10 か所で次世代施設園芸拠点の整備を開始し、2016 年度中には全拠点が完成した。自治体、生産者、実需要者がコンソーシアムを形成し、ICT による高度な環境制御と地域資源エネルギーを活用した大規模な施設園芸を展開している。

拠点として採択されている本事業は、①豊富なバイオマス、日照、交通インフラ等の地の利を生かした高糖度トマトの周年栽培及び雇用創出、② ICT を活用した複合環境制御による生産性の向上と、マーケティング戦略策定によるブランド化推進を目的としており、生産者、実需者、研究機関、地方自治体 13 組織が富士小山次世代施設園芸推進コンソーシアムを形成し、これに取り組んでいる。

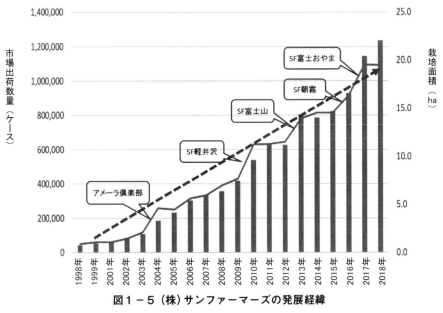

図1−5 （株）サンファーマーズの発展経緯

出所：（株）サンファーマーズ SFI 総合研究所　石戸安伸「高糖度トマト「アメーラ」のブランド戦略」より引用
https://www.maff.go.jp/kanto/seisan/engei/attach/pdf/2018_yasai-2.pdf

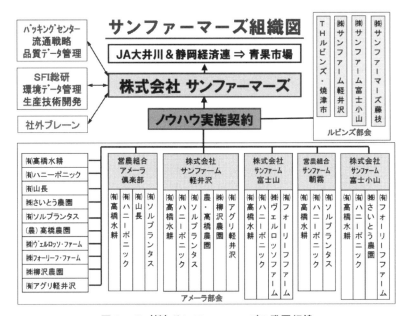

図1−6 （株）サンファーマーズの発展経緯

出所：（株）サンファーマーズ SFI 総合研究所　石戸安伸「高糖度トマト「アメーラ」のブランド戦略」より引用
https://www.maff.go.jp/kanto/seisan/engei/attach/pdf/2018_yasai-2.pdf

写真1-1 アメーラの名が入った養液タンク(左)、サンファーム富士小山のハウス内(中) とハウス外観(右)
出所：(株)サンファーマーズ資料および筆者撮影

4）アメーラの栽培技術
（1）栽培の基本

　高糖度トマト「アメーラ」の栽培は、基本的に潅水量を控えることで味を凝縮させ、濃厚な美味しさを追求している。そのため大玉トマトと比べて果実の大きさは 1/3 から 1/4 程度と小さくなり、味の指標である糖度は一般的な 4〜5 度に対して 8〜10 度となっている。また、果実が小さく収量が少なくなることから、低段密植栽培がおこなわれている。

　静岡県農業試験場で開発した栽培技術は「ワンポット栽培」とよばれ、直径 12 ｃｍのポットに苗を植え、必要に応じて点滴で培養液を灌水するため「根域制限栽培」ともよばれている。トマトは甘くなる一方で、こうすることでトマトの樹勢が弱くなることから、長期にわたり栽培することができない。一般的なトマトでは、8〜20 段の果房が収穫できるが、これが低段となってしまう。したがって、これを補うために、1 坪当たりの植栽密度を一般的な 7〜8 本から 15 本程に増やしている。これを低段密植栽培と呼んでいる。さらに、こうした技術をシステム化し、面積拡大、出荷量の拡大につなげてきている。

（2）人工光による閉鎖型苗生産

　団地方式で設置された各農場では、平均して 4 つのハウスを設け、一つのハウスで年 2.5 回転の栽培をしていることから、年間 10 作の定植を順次行っていることになる。そこで、苗を安定供給するために人工光閉鎖型の育苗施設（**苗テラス**[注12]）を設置している。これはいわゆる植物工場方式で、蛍光灯により光をあて、温度管理、養液管理、CO2 供給など完全自動化で苗生産している。

（3）地球にやさしい栽培技術

　アメーラは余分な水を吸わないよう定植はポットで栽培されているが、培土はヤシ殻繊維が主体の**ココピート**[注13]である。また、潅水量を極めて少なくコントロールしていること

注12：三菱ケミカルアグリドリームが販売する、人工光・閉鎖型苗生産システムと呼ばれる苗生産装置。密閉された空間で温度管理・光照射・灌水などすべてを自動で行い、安定的に等質の苗が供給できる。

注13：土壌から感染する病気予防のために、土を使わない培土として玄武岩などを材料とした人造鉱物繊維であるロックウールが開発され、その後、ココナッツ果実の殻を作る繊維を発酵させた培土として開発され、環境にやさしい天然素材として注目される。

写真1-2 苗テラスの内観と稲吉氏（左）、苗の様子（中）、苗テラスの外観（右）

出所：筆者撮影

写真1-3 栽培に利用されるココピート（左）ハウスでの栽培の様子（ルビンズ）（中）
ハウスでの栽培の様子（アメーラ）（右）

出所：（株）サンファーマーズ資料および筆者撮影

から廃液が出ないため、廃液処理はない。また、ココピートは植物由来のものであるため、栽培が終了したあとは、粉砕した葉茎と共に堆肥にしている。この堆肥は無料で配布をしているが、周辺地域の野菜農家や茶農家が取りにきており、地域循環型農業の確立に寄与している。

（4）ICTを活用した栽培管理

　サンファーマーズグループのすべてのハウスでは、各種センサーにより温度、湿度、日射量、CO_2濃度などの各種環境データをモニタリングし、各種計測データを基に自動制御を行っている。また、この生産管理情報をデータベース化し、このデータをグループ内のサンファーマーズ総合研究所が分析解析することでアメーラトマトの品質向上、収量安定などの技術発展に役立てている。

5．販売・マーケティングからみる（株）サンファーマーズの特徴

1）商品特性と選果基準

　アメーラには、糖や有機酸などの旨味成分が濃縮含有されており、これが甘いだけではないアメーラならではのバランスの良いおいしさとなっている。昔のトマトのようにおいしいといわれる所以である。季節ごとに甘さと酸味のバランスは変化していくが、基本的には、糖度が8度以上になることを目指している。糖度基準は季節によって差があり、夏場のほうが低く設定されている。サンファーマーズでは、時期による品質の格差を小さくするように努めており、2019年より7.5度以上に設定している。糖度基準は、年々目標を高めていくよう取り組んでいる。2019年からは、目標糖度の最低基準は7.5度に設定している。なお、一般的な大玉トマトの糖度は、4〜5度（経営者フォーラム資料）、桃太郎トマトに代表される完熟系品種の果実糖度（Brix値）は通常5〜6％程度と言われている。（https://shop.takii.co.jp/simages/shop/selection/tomato_1812.html）

　こうしたアメーラの品質管理は、経営者以外のメンバーで構成される品質管理委員会によって行われている。この委員会では、導入している **JGAP**[注14] を基本に、トレーサビリティ管理を徹底している。例えば、出荷前の各圃場における糖度検査や農薬散布の記録管理、さらには手洗い慣行など、細かい規則を設けた品質だけでなく安全基準の管理徹底も実施している。認証については、JGAP認証以外にも、**しずおか農林水産物認証**[注15]第1号にも認定されている。

　サンファーマーズの展開するブランドは、アメーラと高糖度ミニトマトのルビンズがある。この高糖度ミニトマトのルビンズは「パキッ」「パチッ」という弾んだ歯ごたえが特徴で、デザート、おやつ、オードブルなどの食べ方が提案されている商品である。3色の展開で、ルビーのような赤い色はアメーラルビンズ、ゴールドの輝きの黄色はルビンズゴールド、チョコレート色はルビンズショコラという名前である。アメーラと同様に、潅水をぎりぎりまで控え、小さなまま成熟するように独自の技術で栽培している。

　現在、アメーラトマトを生産しているのは10戸の農業生産法人であるが、前述のとおり、出荷を開始した当初は4法人で営農組合「アメーラ倶楽部」を組織していた。そのため、当初はサンファーマーズ傘下の農場ごとに個選共販で開始していた。出荷量が少ないときには、コストが安くすむという面では良かったが、選果基準が個人によって差があることで、糖度、果形、品質のばらつきがみられた。その結果、傘下の農場間で出荷基準に対する不満が生じるようになった。そこで、一次選果は生産者が行い、その後JAの選果場で最終選果と箱詰めを行うようになった。2003年より、糖度基準をカタログやホームペー

注14：GAPは農業生産工程管理手法の1つで、農林水産省が導入を推奨する食の安全や環境保全に取り組む農場に与えられる認証であり、JGAPは一般財団法人日本GAP協会が統括する、日本の標準的なGAPとしての内容を備えた日本発の認証である。

注15：農林水産物に対する県民の安心と信頼を確保することを目的に、2006年度から静岡県がスタートした制度で、農林水産物の生産者の取り組みを県が認証する。

ジで消費者に公開するようになった。サンファーマーズはトマトに糖度基準を設けた最初の企業となった。更に出荷量が増え、高冷地軽井沢での生産が本格化した 2010 年からサンファーム軽井沢に糖度選別機を導入し、非破壊糖度計で選果をするようになる。そして、静岡県内の JA 選果場にも 2011 年ごろに糖度選果機を導入し、全ての出荷物の糖度を検査するようになった。

　糖度については、選果機導入による選果基準のばらつきの問題を解決できたが、形状については依然、人の手によるため、問題が残っていた。そこで、2015 年に新しく外観選別機が開発されたことを受け、藤枝市にアメーラ専用の JA おおいがわのパッキングセンターを開設した。こうした、取り組みの結果、現在では、選果の公平性が保たれ、生産者間の不満は解消された。

　この選果機は 4 台導入されており、1 台で 2,000kg／日のトマトの処理が可能である。選果機を通過した後、「秀」「優」「A」というランクに分けられる。「秀」は、花落ちが小さい、形状が真ん丸、傷が少ないという基準をクリアしたものである。

　なお、ルビンズに関しては、2012 年よりイタリアのユニテック社から購入した、品質選別が可能な選果機を導入している。ただし、この選果機は糖度の測定はできないため、抜き取りチェックで対応している。ルビンズは収穫後、冷蔵庫で 1 週間寝かせることで、酸味が抜ける。このように、1 週間も寝かせられるのは、皮が硬い品種だからこそ可能なことである。これによって、糖度が 10 度以上となるだけでなく、この 1 週間の間に、売り先を決め市場に前もって量の情報を流すことができるというメリットも享受している。

2）市場の選択と集中

　アメーラの出荷当初の目標は 10 年で 10 億円であり、最初から市場出荷を念頭に置いていた。販売ルートが単純明確で、価格調整能力もあり、ブランド管理が徹底できることから、こうした流通戦略をとっている。そのため、静岡県だけでなく長野県で生産されたアメーラトマトも JA おおいがわからの出荷に一本化している。出荷当初は、京浜の有力市場と自ら直接交渉を行い、販路拡大を進めてきたが、ブランド管理の徹底を図るため、現在では取引相手を 14 社に限定している。系統出荷が 98％で、出荷先は京浜、中京、関西を中心にした生産地市場を含めた取引市場である。アメーラトマトは全国各地に出荷されているが、それは主要市場から地方への転送によるものである。市場出荷以外にネットショップも展開しており、現在の売り上げは 400 万円程度であるが、今後は積極的に取り組んでいくとしている。

　こうした、アメーラトマトの市場戦略は、静岡県経済連との取り組みの結果である。JA 経由ではあるが、出荷までではなく、その先の販売戦略もサンファーマーズとして戦略を立案している。こうした経済連との取り組みはアメーラのブランド力構築に大きく寄与したが、静岡県経済連の担当者は、数年で入れ替わってしまうことが、さらなるブランド化推進にとって課題だと感じていた。近年、高糖度トマトは様々な種類が全国各地で生産さ

れ、市場自体も拡大してきた。これまで、ブランド化を達成し、順調に生産を伸ばしてきたアメーラトマトも、さらなる販売強化のために新たに稲吉氏は自社の中に、マーケティングの担当部署を設置することにした。これによって、さらなるブランド化推進のために、「マーケットコミュニケーション活動」に注力するようになっている。これは従来、市場との連携だけであったブランド化の推進のための活動を、その先、つまり仲卸、さらにその先の小売店まで深めることである。現場に足を運び、現場の声を詳細に聞くことで、よりブランドを強化することが可能となる。これまで、毎年春に市場を回り、意見交換会を実施し、秋には静岡県にて販売対策会議を行っていたが、それに加えて市場との連携に関して新たな取り組みを開始した。具体的には、サンファーマーズの社員を市場に長期研修のために派遣する取り組みである。一定期間、社員が市場に身を置くことで、より詳細な出荷先、さらに川下にどのような小売店等があるかを把握でき、消費者ニーズやの動きを肌身で感じることができたそうだ。

3）出荷チャネルとブランド化

　アメーラのブランド化推進には、社外ブレーンが存在していることが特徴である。社外ブレーンは15名で構成されており、報酬や契約などはなく、稲吉氏との個人的な関係性や、アメーラのファンであるというサポートメンバーの思いから成り立っている。ブランドなどのマーケティングは静岡県内の大学教授に、商品パッケージやポスター、パンフレットなどは東京のデザイナーに、市場調査や販売促進はJAグループ、東京の青果卸会社、料理研究家に、経営に関することは弁護士、弁理士、社会保険労務士などの専門家に意見をもらっている。

　そもそも「アメーラ」というネーミングもこの社外ブレーンとの議論のなかで決定された。「アメーラ」とは、静岡県の方言で、「甘いでしょう」という意味である。生産を開始するにあたっては、商品をアピールするために、ネーミングは重要であるということで、プロのデザイナーを交えて、議論を重ねた。

　農業者は、仕事柄職種を超えた横のつながりが希薄になりがちである。それだけに、こうしたそれぞれの分野の専門家、士業の人とネットワークを組むことによって、自分たちだけではできない様々なことを補完してもらっている。

　アメーラやルビンズなどの商品のネーミングは、社外ブレーンのデザイナー、大学の研究者、料理研究家などと連携して決めている。当然パッケージデザインや英語表記も社外ブレーンの意見を受けて決められた（**写真1－4**）。ブランド化にあたって、生産農家の思いを前面に出すといった決め方はせず、あくまでもブランディングの理論に基づいて検討することを、信条としている。

　これまでの取り組みの成果として、2009年には日経MJ紙で第1位を得ている。日経MJ紙のバイヤー326人への調査による「ヒット分析」トマト32品種のブランド氷菓（味、安全性への信頼など全14項目）で2位に70ポイントの差を付けて第1位に輝いた。

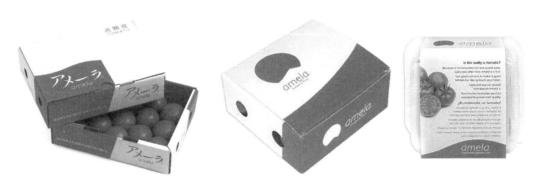

写真1−4 日本のアメーラパッケージ（左）と EU 市場向けのパッケージ（中）（右）

出所：（株）サンファーマーズ資料およびアメーラ HP　http://www.amela.jp

6．これからの（株）サンファーマーズ

1）技術の追求

　市場の需要がある限り、企業はその要求にこたえていく必要がある。糖度だけではなく「更なるおいしさの追求」のため、できることは全て対応していきたいと、稲吉氏は考えている。高糖度トマトというと、甘さの追求を求めがちであるが、美味しさは甘さだけではないはずである。「最高品質の高糖度トマトでおいしさの感動をお届けします」というブランドアイデンティティを掲げる（株）サンファーマーズは、アメーラトマトは糖度だけでなく、酸味や旨味といった味の深みについても分析を始めている。アメーラにはカリウムやビタミン A、ビタミン C、ベータカロテン、グルタミン酸、ガンマアミノ酪酸（ギャバ）などの機能性成分が高く含有されている。これが、アメーラの甘いだけではない酸味とうまみたっぷりのバランスの良いおいしさとなっている。定期的な糖度、酸度、グルタミン酸含有量などの品質分析を行い、さらなる美味しさを極め、技術向上を図っていく。

　サンファーマーズでは、通常行っている販促活動以外にも、毎年インターネットによるアンケート調査を実施している。これにより、消費者動向の変化を把握し、科学的な分析を行うことで、経営戦略に生かしている。常に、消費者の声に耳を傾けることを意識し、クレームがあった場合はホットラインを通じて直接本社が消費者の話を聞く。こうしたクレームへの迅速な対応は、今後の発展のためのチャンスだととらえている。

　こうした更なるおいしさの追求を大切にしているのは、現在のサンファーマーズで働いている若い世代の生産者の未来を築くことにも繋がるとの思いがあるからである。サンファーマーズグループの正規従業員は 2018 年時点で 76 名である。その約 6 割は 20代、30 代の若手が占めている。また、新規採用者も各会社の本場で 1、2 年の研修を経て、各農場のマネージャーとなり、独り立ちしている場合がほとんどである。そのため、アメーラの技術検討会を年 6 回、またルビンズは年 3 回開催し、ベテランと若手による率直な意見交換を通じ、技術の向上と平準化を行っている。

2）社会貢献と農福連携

　稲吉氏は福祉農業の分野もさらに開拓していきたいそうだ。これは、単に CSR の観点だけではなく、農業分野の労働人口が減っていく将来を見越したうえで、障がい者の方にその穴埋めをしてもらいたいという、稲吉氏の悲痛な願いである。すでに、サンファーマーズグループの一部で福祉施設である授産所に片付け作業を外部委託し、実績をあげている。こうした活動の中で、特別支援学校生の農業実習の受け入れを行い、現在、サンファーマーズ直営農場である藤枝農場では、特別支援学校を卒業した生徒 3 名を正規職員とし雇用している。

　障がい者雇用をきっかけに、さらに農福連携、人にやさしい企業を目指すために 2017 年に NPO 法人「アグリンク」を立ち上げた。企業活動の垣根を超え、社会に貢献する活動をすることを目的としている。アグリンクは障がい者の体験研修や作業指導などを行い、グループ会社はもとより他の農業法人への派遣など障がい者労働環境を広げる活動を目指している。就労継続支援、作業環境の改善指導、福祉作業の仲介、畑を活用した農業体験・農作業指導を行っている。**写真 1 − 5** は作業環境の改善の一例である。写真（左）及び、（中）は、障がい者の方でも取り間違えがないよう、リヤカーに名前をつけ、その置場にも名前を表示している。写真（右）は、作業場所がわかりやすいようにレーンごとに数字をつけて表示している。

3）輸出と海外生産へのチャレンジ

　サンファーマーズとしては、輸出を行ってはいないが、実際には市場の仲卸を通してアジアを中心に輸出は行われている。今後、アジアへの輸出について、サンファーマーズとしても積極的に参画し、世界に向けて顧客拡大を図っていくことを計画している。すでに、アジアへの輸出実績が高い、沖縄県産業振興公社主催の沖縄大交易会に参加し、具体的に商談を開始している。

写真 1 − 5 障がい者用の作業機械（左）（中）、ハウス内の作業レーンの目印（右）

出所：筆者撮影

　このように、アジアに向けた輸出を見据えているアメーラトマトであるが、一方で、その生産技術を移転し、さらにアメーラトマトの市場を拡大しようとする動きもある。海外進出は、かねてからの稲吉氏の望みだった。サンファーマーズでは、海外研修を実施したり、飲食業界の社長たちと海外視察に頻繁に行ったりなど、長く下準備を進めてきた。そして、2015年のミラノ万博において、静岡県が主催する静岡県農産物のPR事業に参加した。この時、トマトの大産地でかつ大消費地でもある現地イタリアの方々のアメーラトマトに対する反応の良さが予想以上であった。欧州でも食材として親しまれているトマトだが、高糖度トマトというジャンルはないということが分かった。この、ミラノ万博への参加を契機に、海外での生産に挑む計画をより具体化させることになった。

　鮮度を重視するため、日本からの輸出ではなく、地元のパートナーと組んで現地生産・販売を行っていくことを想定していた稲吉氏は、2015年、スペインにて、現地の農業協同組合にプレゼンを行った。同年に先方の事情で動きがなかったことから、翌年、改めて担当者を派遣し、プレゼンを仕掛けた。この際、先方は社長も含む役員や営業部長、技術部長などが話に応じてくれることとなった。そして、この年の秋には日本への視察に来てほしいという要望が、実現することになった。

　その後はスペイン南部のグラナダ県にあるカルチュナの現地農場に調査に行ったり、計画を作成したり、海外向けのデザインを打ち合わせるなど、頻繁にコミュニケーションを取り合い、ついに2018年5月に現地の農業協同組合であるグラナダ・ラパルマ共同組合と合弁でサンファームイベリカを設立した。グラナダ・ラパルマ共同組合はミニトマトの生産・販売でヨーロッパ最大手である。栽培にあたっては、その手法だけでなく、アメーラの栽培プラントを日本から持ち込んだ。栽培するスタッフには、アメーラ栽培歴20年のベテラン社員を派遣している。9月に最初の播種を行い、2019年1月からスペインから欧州に向けてのアメーラ出荷が開始された。スペインで生産したアメーラはすべて、グラナダ・ラパルマ共同組合が販売することになっている。販売には、日本でこれまで培ってきたブランド戦略を持ち込んでいる。パッケージは日本で使用しているものをベースに和のイメージをプラスした、日の丸と富士山のモチーフを取り入れたマークが載せられている。

　2019年2月にベルリンにて開催された、ヨーロッパ最大級の果物野菜の専門見本市、フルーツ・ロジスティカにてお披露目されたスペイン産アメーラは、ヨーロッパのトマトにはない、甘みと風味が、各国のバイヤーから高い評価を受け、ぜひ取り扱いたいという声が、多数、聞かれたという（YouTube：JETRO「世界は今ー JETRO Global Eye」）。ヨーロッパにおける販売先は、高級スーパーや百貨店とする戦略である。スペインでは、1キロ200円程度からトマトが購入できるが、アメーラはその10倍の、およそ2,000円である。まずはスペインと、ヨーロッパの中でも購買力が高い、スイスの富裕層を狙う戦略を立てている。すでに、スウェーデンでも販売を開始しており、今後さらなる市場の拡大が見込まれる。

　こうした海外展開は稲吉氏の長年の夢であるが、これは単に市場の拡大という位置づけだけではない。日本の消費者を対象に実施した市場調査で、どこの国で作られたトマトに対して魅力を感じるか、という質問では、スペインや、イタリアといったヨーロッパの国々で作られたトマトに魅力を感じるという結果があった。稲吉氏が抱く戦略はヨーロッパでの生産、およびブランド力の構築が、日本ですでに構築されたアメーラブランドの更なる発展に寄与するということだそうだ。ここから、世界一のトマト「アメーラ」を目指してチャレンジの最中である。

7．今後の展望

　ゼロからトマト栽培をはじめ、高糖度トマトのマーケットを創造し、基準を確立した稲吉氏は、後掲の講演で「トマトという、丸い赤い小さな甘いものを作るのではなく、食べたお客さんに『これはおいしい』ということを伝える仕事をしているという明確な意識」が重要と述べている。
　サンファーマーズでは、現在、創業当時の第一世代から第二世代への継承が始まりつつある。第二世代が稲吉氏の経営戦略のもとで構築されたブランドをいかに維持し、改善をはかっていくかがこれからの課題になると考えられる。特に、アメーラブランドの構築および組織の活性化には外部ブレーンが重要な役割を果たしてきており、これらの人脈は稲吉氏の個人的な人間関係により、発展し、メンバーも増えていった。こうした、アメーラに思い入れのあるメンバーに、将来的にも外部ブレーンとして関わってもらうためには、アメーラに興味をもち続けてもらえるよう、常に新しいチャレンジをし続ける必要があり、第二世代にも、経営者として様々な分野の人々とネットワークを広げ、繋いでいける資質を高めていってほしい、と稲吉氏は期待している。

＜課題1：サンファーマーズの経営の SWOT 分析を行いなさい。SWOT 分析は、企業や事業の戦略策定や、マーケティング戦略を導き出すための有名な分析のフレームワークである。SWOT は、S: 強み、W: 弱み、O: 機会、T: 脅威の頭文字をとっており、SWOT の各要素は、事業の外部環境と内部環境に分けられる。取り巻く環境による影響と、それに対する企業の現状を分析しながら、ビジネス機会を発見しなさい。＞

＜課題2：サンファーマーズには、外部ブレーンが存在している。外部ブレーンの役割について整理しなさい。また、あなたの学生生活においてどのような外部ブレーンが必要だと考えますか？また、その外部ブレーンを獲得するためには、どのようなことがあなたに必要になるか考えなさい。＞

【参考情報】東京農大「経営者大賞」受賞記念講演要旨　稲吉正博氏

　サンファーマーズの稲吉と申します。私は静岡県静岡市の種屋の息子で、あまり考えずに農学部農学科に入学しました。入ってから知り合った皆さんが目標を持ってらっしゃいましたが、その頃は私には全然ありませんでした。１年生の時、農業をやってもいいなと思いました。当時、パイロットファームが話題となっており、酪農をやりたければ北海道で新規就農ができる制度がありました。それで、１年から２年になるときに農学科から畜産学科に転科しました。１年間勉強しましたが、これでは牛は飼えないと思い、休学をして酪農実習をしました。実習はしたのですが、あまりに大変で実は挫折をしました。とても農業なんかできないなと思いました。しかし、大学だけ出ようと、あまり目標もなく過ごしていました。目標がないので研究室に入っても自分の好きなテーマで研究をしました。また、畜産学科に転科した後は、テストで全部百点満点取ろうと考えました。多分、２年以降履修した科目は全部「優」です。でも、友達からは「おまえの勉強は意味がない」「大学生の勉強じゃない」と言われました。そう言われると反論はできませんでしたが、無駄なことは何もないとも思いました。全部百点を取るというのは、ものすごく集中力が必要です。どこか間違えると全部百点ではありません。テストの１カ月半くらい前から準備して勉強し、短期間で記憶しました。すぐ忘れてしまうものもありましたが、そのときの集中力は、社会に出た後の、自分の仕事に対する集中力を養ったことにもなりました。

　学生の皆さんに変化していくことに挑戦していただきたいと思い、本日は「アメーラトマトのマーケティング戦略」というタイトルにしました。私は今、サンファーマーズという会社の社長をやっています。サンファーマーズは農産物の生産、販売、ブランディングなどに特化した会社です。同時に、ハニーポニックという農業法人の社長もしています。サンファーマーズの社長としては、給料はもらっておらず、ハニーポニックの社長として給料をもらっています。

　主力の農場は静岡県小山町にあり、御殿場市のすぐ隣ですが、私たちの生産したトマトの98％くらいは、ＪＡおおいがわを通して静岡経済連経由で全国の市場に出荷しています。一番のお得意様は大田市場の東京青果（株）です。東京青果（株）では年間2,000億円以上の野菜を取扱っていますが、そのうちトマトは約160億円です。弊社との取引は8億円ぐらいで、熊本県や愛知県などの大産地のJAもある中で、おそらく4番目ぐらいの取引額だと思います。

　当社では社外ブレーンという方々がおり、これが非常に充実しています。その一人に静岡県立大学経営情報学部の岩﨑先生という方がいらっしゃいますが、東京農大で学位を取得していらっしゃいます。他には、デザイナー、料理研究家、軽井沢の万平ホテルのシェフ、弁護士、Web制作関係の方、社会福祉法人の方、設計士といった社外ブレーンを活用させていただきながらやってきています。

　アメーラトマトは1997年から出荷していますが、2017年で1,200トンを超えました。単価はここ１、２年下がったので、グループの生産者からは「稲さん、ちょっとブランド

力が下がったのではないか」とか「もうちょっと高く売ってもらいたい」と言われます。それでも、1キロ 12 個とか 15 個入りで 1,200 円とか 1,300 円です。高くなれば 2,500 円ぐらいです。それまで生産を拡大してきても値段が下がらなかった、あるいは上がったかということは、実は私たちのマーケティング戦略に大きく関係していると思います。私たちのマーケティングの定義は文字通り、マーケットｉｎｇなので、マーケットを作っていく、あるいはマーケットを維持していくということです。トマトというのは日本で一番多く生産されている野菜です。生産額で 2,200 億〜 2,300 億円、2 番がイチゴですが 1,600 億円ぐらいしかありません。生産額が大きいということは買ってくれる人も多ということですが、競争相手も多いということでもあります。そういう人たちを相手に私たちは仕事をしなければいけない。お客を作る、維持する。お客が買いたくなる商品作り、業者が売りたくなる商品作り。売り込むのではなく「食べたい」にしていかなければいけないということです。

　経営戦略は「独自の栽培方法」「強い商品力」それに「ブランディング」です。このうち 1 番目と 2 番目は農家の方もやっておられます。3 番目は農家の皆さんは難しいと思います。私たちは強い外部ブレーンがいるからこれができていると思っています。

　「独自の栽培方法」については、静岡県のワンポット栽培は、小さな 12 センチの布製のポットに、ヤシの実の皮を利用したココピートを詰め、この中に根域を制限する方法です。アメーラは高糖度トマトですが、トマトの糖度を上げるためには水をすごく減らして作るしかありません。普通に地面に植えてしまうと、根からどんどん水を吸収し甘くなくなります。ポットを使用することで強いストレスをかけて作っています。

　「強い商品力」については、三つの条件があります。「最高品質」「安定供給」「安心安全」です。この三点が全部そろってないと強い商品にはなりません。消費者が欲しいのは、何といっても「おいしいトマト」です。安心安全はあたり前で、我々はそれを担保する必要があります。最近はオリンピックをひかえて GAP が話題になっていますが、我々は JGAP を取得しこれを担保しています。

　品質については、糖度基準を作ってホームページやカタログなどでオープンにしています。ですから、これより糖度が低いという理由での返品があれば受け付けなければなりません。現在、私達の糖度基準が日本の高糖度トマトの糖度基準になっています。農水省にも高糖度トマトという定義はなく、普通の大玉トマトの中の一部になっています。ですから誰でも、「うちのは高糖度トマト」と箱に書いて出すと、どんな酸っぱいトマトでも一応、高糖度トマトになってしまいます。私達のトマトが高糖度トマトの基準となり得た理由は二つあると思います。一つは、ほとんどを大田市場、築地市場、大阪市場、京都市場という大市場に出荷していることです。東京青果（株）の高糖度トマトのシェアの 50％を超えていますし、大阪青果（株）では 80％を超えています。最終消費者と直接取引せずに、大手卸に出荷してきたことで、結果的には高糖度トマトの基準となり得たのだと思います。もう一つは、年間出荷量約 1,800 万個のトマトすべてを、糖度検査をして出荷している

ことです。我々にとっては 1,800 万分の 1 でも、お客様には 1 個 200 円、300 円で買っていただいています。それが期待外れではすごくショックです。お客様にとっては 1 分の 1。これが最高品質ということです。

　安定供給については、これが非常に大事で、例えば、スーパーでアメーラトマトを宣伝していただき大変売れたとします。また来週売りたい、来月売りたいというときに、「ない」となると、そもそも宣伝のしがいがありません。それから、最近は料理学校で、「アメーラトマトのパスタ」という名称をつけて講習会をするとたくさんの受講生が来るそうです。受講を終え、街に買いにいくと売ってない。そうなると料理学校も受講生も困るでしょう。

　安定供給のために我々がやっているのは暖地と高冷地での生産です。静岡県焼津市の農場は生産の拠点です。海抜ゼロではありませんが海に近いところです。長野県軽井沢市にも農場があります。ここは大きく全部で 5 ha ぐらいですが、実は軽井沢の生産者は、後から知り合ったのですが、農大の僕より二つ上の先輩です。一番最近作ったのが静岡県小山町の農場です。御殿場の富士スピードウェイの近くです。富士山のちょうど真反対側の西側の富士宮市にも大きな農場があります。こうした条件の違う農場での生産を組み合わせることで安定した出荷体制を確立しています。

　肝心の「ブランディング」についてです。私は畜産学科だったので、畜産の世界では、例えば和牛の品評会というのが毎年あります。名だたる肉牛生産者の方々がグルグルっと回って牛を見せて品評会をします。その後すぐにせりをします。せりで一番高く売れるのは常に松阪牛などブランド牛です。品質は非常に重要ですが、品質を超えた何かが必要だということです。ブランディング、ブランドとは何でしょうか。「うちのイチゴはうまいよ。ブランドだよ」と言う農家さんもいらっしゃいますが、ブランドというのは、お客様の心の中に、頭の中にちゃんとブランドとして浮かぶかどうかということだと思うのです。

　地域にもブランドというものがあり、北海道とか沖縄とか京都というと、皆さんの頭の中にイメージが浮かぶと思います。検索サイトで各県の「画像」を検索してみますと、ブランド力のある都道府県はいっぱい写真が出てきますが、あまりない県は地図が出てきます。ブランドとは人に知ってもらうことではありません。47 都道府県を知らない人はいません。しかし、お客さんに絵が浮かばなければ、そこに行ってみたいと思ってもらえないでしょう。ＪＲ東海のコピーは「そうだ　京都、行こう」なんです。「京都へ来てください」ではありません。それがブランド力だと思います。

　強い商品力にブランド力が乗って初めて食べてみたくなる。そのためにはブランドアイデンティティが必要で、私たちはどのようなブランドになりたいか、私たち生産者が明確に定義しないと消費者には全く通じません。私たちが明確に定義することで、消費者に明確に伝えることができるのです。

　私たちは、喧々囂々みんなで話をして、「最高品質の高糖度トマトで、おいしさの感動をお届けします」というブランドアイデンティティを作りました。これは、私たちが最高品質のものしか作りませんよという宣言でもありますし、高糖度トマトしか作らない、高

糖度メロンも作りません、ミカンも作りませんし、トウモロコシも作らない。私たちは高糖度トマトで勝負します、というメッセージでもあります。そして、一番大事なのは、私たちはトマトという、丸い赤い小さな甘いものを作るのではなく、食べたお客さんに「これはおいしい」ということをお伝えする仕事をしているという明確な意識です。

我々は毎年「ブランドの健康診断」と称し、東京都内の女性、1年に1回以上トマトを買う方1,000人を対象にアンケート調査を実施しています。調査結果では、1,000人のうち350人が「アメーラを聞いたことがある」という回答しています。さらにグルメな消費者に絞ると50％以上がアメーラを知っていると回答しています。グルメな方は高くても買ってくれます。お金持ちの方が買ってくれるのではありません。グルメではないお金持ちには買っていただけません。アンケート調査では「食べたことがある」方は約20％、グルメな方はでは約35％となります。54％の方が「アメーラの味に満足」と回答し、満足とやや満足とあわせると約90％となります。もちろん、不満という方もいらっしゃいます。「知人に推薦したいですか」という設問もあります。口コミのことです。65％ぐらいの方が知り合いに勧めるとしています。いい話は3人に教えるが、悪いことは10人に言うといわれています。「あそこの、ほんとまずかった」というのはみんなに話しますが、「あなただけに教えるけど、あれはうまいよ」となります。「知人に推薦したい」というのはとても重要です。

本日は、今まで私たちがやってきたことを成功したと評価していただいたりしているわけですけれども、今、取り組んでいることは、これから先の我々の事業にかかわってくることです。一つは、障がい者の方との福祉農園づくりへの取り組み、もう一つは世界進出で、現地生産と輸出への取り組みです。

私たちのグループは若い社員が多く、75人ぐらいいる構成各社のメンバーの中で、20代、30代が60％ぐらいを占め、競争心も旺盛です。障がい者の方はほんとに純粋です。一緒に働くことで、若いメンバーの気持ちも温かになると思います。また、パート従業員が少なくなってきたことも農福連携に取り組む理由の一つです。

海外進出ですが、「日本一のブランドトマトに甘んじることなく」と、勝手に言っているのですけれども、やはり世界一のブランドになっていきたい。私は頻繁に海外へ行きますが、海外に高糖度トマトはありません。日本で一番なら世界で一番だという三段論法もいいですが、やはり実際に行ってみてそこで勝負していきたいと思います。先ほど言いましたが、私たちには若いメンバーが多くいます。今は、毎年返済しなければならない借入金も多く大変ですが、実は、あと8、9年すると返済が完了します。もちろん、老朽化してきた部分を順次直していかなければなりませんが、今返済している分の多くは利益になっています。海外進出は、若いメンバーがそうしたことに甘んじることなく、進化を止めないようにするためのチャレンジでもあります。

また、7、8年前に農林水産大臣がオランダへ行ってから、日本でもオランダの AI 技術を導入してという風潮が高まってきました。一方、日本には私たちの高糖度トマトをはじ

め特徴のある技術があります。ならば、MADE IN JAPAN の技術とブランド、ノウハウを輸出しようというのが、私たちが今やっていることなのです。ですから、すでにヨーロッパ、アメリカ、中国などで商標を取っていて、日本とスペインからそれぞれから輸出をしようとしています。先ほどの 1,000 人のアンケート調査での、「どの国で作られたトマトに魅力を感じますか」という問いに対する回答は、圧倒的にイタリア、スペインなんです。ほかの国はダメなのですよね。「日本人のブランド力を増すためには、我々はどこで作るのが一番いいのか」に対するグルメな消費者の回答も、当然、スペインです。それで、私たちは今スペインでトマトを作っています。日本のほかのトマトのメーカーさんや農家の方が、どんなに努力しても、イタリア、スペインでトマトを作るようになるまでには相当かかると思います。2018 年 10 月にヨーロッパで一番大きいといわれているミニトマトの会社と業務提携契約をしました。アメリカに、もう 1 社大きいところがありますが、大体同じくらいだということなので、我々としても相手に不足はありません。英語でブランドアイデンティティも表現し、日の丸、富士山、アメーラでロゴも作りました。

　「絶えず変化と進化をすること」というのが私たちの経営理念です。45 年前に百姓をやろうとして失敗しましが、私はやっと農家になれた。45 年の時を経て、ここで農家としてこのような賞をいただけたことを非常に私は幸せだと思います。

【参考文献・ウェブページ】

［1］青木宏史（2009）：『トマトの栽培技術』、誠文堂新光社。

［2］アメーラホームページ
　　　http://www.amela.jp/（閲覧日 2020 年 1 月 11 日）。

［3］井熊均・三輪泰史（2014）：『植物工場経営』、日刊工業社。

［4］NHK ニュースおはよう日本「夢の植物工場」黒字達成が困難な理由
　　　https://www.nhk.or.jp/ohayou/digest/2017/07/0721.html（閲覧日 2020 年 1 月 11 日）。

［5］株式会社カゴメホームページ
　　　https://www.kagome.co.jp/（閲覧日 2020 年 1 月 11 日）。

［6］杉山信男（2017）：『トマトをめぐる知の探検』、東京農業大学出版会。

［7］住田敦・加屋隆士・畠中誠（2008）：完熟トマト‘桃太郎’系品種の育種と普及、園芸学研究、第 7 巻第 1 号、pp.1–4.

［8］SMART AGRI HP https://smartagri-jp.com/smartagri/157（閲覧日 2020 年 1 月 11 日）

［9］旬の食材百科ホームページ
　　　https://foodslink.jp/（閲覧日 2020 年 1 月 11 日）。

［10］タキイ種苗株式会社ホームページ

https://www.takii.co.jp/（閲覧日 2020 年 1 月 11 日）。

［11］田淵俊人（2017）：『まるごとわかるトマト』、誠文堂新光社。

［12］トマトの需給動向
https://www.alic.go.jp/content/000147263.pdf（閲覧日 2020 年 1 月 11 日）

［13］日経ビジネス「夢の植物工場」はなぜ破綻したのか
https://business.nikkei.com/atcl/report/15/252376/092700065/（閲覧日 2020 年 1 月 11 日）。

［14］農林水産省（2018）「野菜の生産振興と課題」
https://www.jataff.jp/project/inasaku/koen/koen_h29_3.pdf（閲覧日 2020 年 1 月 11 日）。

［15］古在豊樹監修（2014）：『植物工場のきほん』、誠文堂新光社。

［16］Business Journal 倒産続出、75％が赤字、植物工場でビジネスは無理？放射能汚染地や昭和基地が適地？
https://www.jataff.jp/project/inasaku/koen/koen_h29_3.pdf

［17］農文協編（2015）：『トマト事典』、農山漁村文化協会。

［18］野菜の定義について
https://www.alic.go.jp/content/000093223.pdf#search='%E9%87%8E%E8%8F%9C+%E5%88%86%E9%A1%9E+%E8%BE%B2%E6%9E%97%E6%B0%B4%E7%94%A3%E7%9C%81'（閲覧日 2020 年 1 月 11 日）。

［19］野菜情報サイト野菜ナビホームページ
https://www.yasainavi.com/（閲覧日 2020 年 1 月 11 日）。

［20］吉岡宏（2017）：「溶液栽培による高糖度とまと『アメーラ』の大規模周年生産を確立－静岡県焼津市, 藤枝市に高橋章夫さんを訪ねて－」、農業 10 月号、大日本農会。

［21］クラリッサ・ハイマン（2019）：『トマトの歴史』、原書房。

第2章

高品質に裏付けられた限定流通が可能にした
マーケティング

－石鎚酒造株式会社　越智浩氏・越智稔氏が示す
日本酒販売の方向性－

半杭真一・山下茉莉・小泉結

1．はじめに

　マーケティングが誕生したのは 19 世紀の終わりから 20 世紀初頭のアメリカであると される。教科書を紐解くと、フォード T 型やアイボリー石鹸などが例示され、大規模な 生産設備を背景とした大量生産からマーケティングが生まれたこと、すなわち、供給能力 の増大が販売問題の重要性を高めたことが記されている［1］。

　日本酒はその起源を『大隅国風土記』等に記された酒に求めることができ、米作りの伝 来とともに始まったと考えられているが、現在の市場の形を生み出したのは灘・伏見の大 規模メーカーの拡大である。全国の中小の酒蔵はそれら大規模メーカーに対して棲み分け を行うポジショニングにより生き残りを模索してきた。また、日本酒の消費量は、酒その ものに対する消費者需要が減退していることや、需要が多様化していること等の影響を受 け、減少傾向にある。

　こうしたことから、日本酒という日本の食文化において大きな役割を果たす品目につい て、とくに中小の酒蔵においてマーケティング戦略が重要であることに異論はないであろ う。

　ここでは、日本酒におけるマーケティング戦略のケースとして、愛媛県西条市の石鎚酒 造株式会社（以下、石鎚酒造と記す）をとりあげる。

2．石鎚酒造について

1）歴史

　石鎚酒造は、水の都と称される愛媛県西条市に位置する。西条市は、西日本最高峰であ る石鎚山の恩恵により豊富な地下水系をもつため、「うちぬき」とよぶ自噴井が生活用水 として数多く使われており、中心市街地では上水道が整備されていないという全国でも稀 有な名水の町である。

　石鎚酒造の歴史は 1920 年にまで遡ることができる。元来、越智家は新居浜市大生院に て 14 代にわたった庄屋であった。その後、西条市氷見において、廻船問屋を経て、石鎚 酒造の前身である共同酒造を創業し、酒造業を始めたのが 4 代前にあたる越智恒次郎氏 であった。

　現在の「石鎚」のラベルには、銘柄の上に松の図柄が配されているが、これは、昭和 5 年ごろ醸されていた吟醸酒「黒松」に由来する。「黒松」は 50% 精米の備前朝日米を原料 とし、当時、普通酒が 1 升 60 銭であったのに対して 2 円 50 銭で販売されるほどの人気 を誇っていた。この地方を代表する高級清酒として、「黒松」は "せめて黒松飲ませてや りたや" と歌まで作られていたと伝わっている。

　この酒造りを支えていたのが、備中杜氏、越智杜氏、伊方杜氏と続いた5人の**杜氏**[注1]と蔵人たちであった。彼らが、中軟水でリンを含む石鎚山系の伏流水を仕込み水とし、西条・周桑平野の穀倉地帯を控えた、酒造りに非常に適した気候でもある西条市氷見で、「石鎚」を醸してきたのである。

　1999年10月、石鎚酒造に大きな転機が訪れる。東京農業大学を卒業後、それぞれ、酒の卸売会社と酒造会社に勤めていた越智浩氏と稔氏が実家へ戻り、英明氏のもとで杜氏制を廃止し、蔵元家族による酒造りへと経営を転換したのである。高齢になっていた杜氏の引退も理由の一つであるが、蔵元家族での酒造りは愛媛県でもさきがけであった。

2）組織

　1999年以降の、杜氏制を廃止したのちの石鎚酒造の組織について**図2-1**に示す。越智浩氏と稔氏の兄弟が蔵に戻り、この体制となった。杜氏の担っていた役割の多くは「製造部」の所管となっている。

　現在、社員は13名である。酒造りを中心とした日常の業務については、仕事を分担し、責任者を置く仕組みとなっている。酵母の分析を担当しているのは、浩氏夫人であり農大応用生物科学部バイオサイエンス学科の出身でもある弥生氏が担当している。また、酒母の分析の担当は、姻戚関係のない真鍋氏である（**図2-2**）。

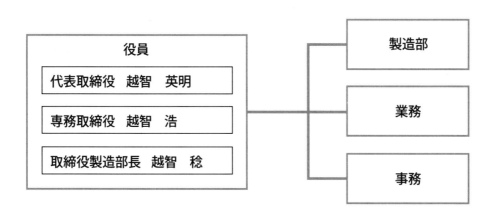

図2-1　石鎚酒造株式会社の組織図

注1：　杜氏とは、蔵の経営者である蔵元のもとで、酒造りを行う蔵人を束ねる最高製造責任者である。農業を営んでいることも多く、酒造りが行われる冬の間、職人集団である蔵人を引き連れ、蔵に住み込んで酒造りを請け負うという労働形態をとることが多い。かつては本州から九州まで全国に杜氏集団がおり、南部杜氏、越後杜氏、丹波杜氏を日本の三大杜氏と呼ぶこともある。

釜屋（甑まわり）	越智　英明
原料処理・製麹	越智　稔
もろみ管理　帳簿	越智　浩
酵母培養・分析	越智　弥生
酒母	真鍋　祐人

図２−２ 責任役割分担の内容

写真２−１ 石鎚酒造の越智浩氏（右）と稔氏（左）

３．日本酒の流通と消費

１）戦後から現在までの販売の歴史

　今日の酒類業界は 2001 年を境に縮小傾向にある。1994 年の酒税法改定を契機に、スーパーやコンビニエンスストアなどで酒を買えるようになり、今までよりも酒が身近になり、消費量も増えているように感じることもあるが、酒類の課税移出数量は、緩やかに減少を続けている（**図２−３**）。

　日本酒といえば、戦後 1950 〜 60 年代は灘・伏見の大手メーカーの酒が市場において主流であった。ところが 70 年代になると、「端麗辛口」を貫いた新潟の銘酒「越乃寒梅」を中心に地酒ブームが起こる。ちょうどこの頃が日本酒の消費量のピークであった（**図２− 4**）。

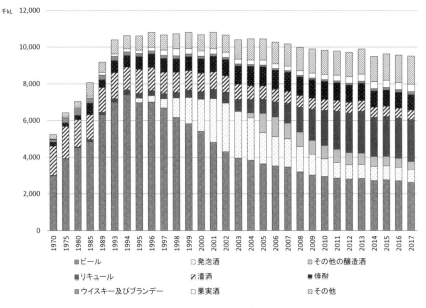

図２－３ 酒類の課税移出数量の推移

資料：国税庁「酒のしおり」（平成 31 年 3 月）

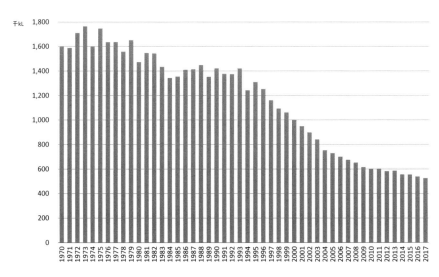

図２－４ 清酒の課税移出数量の推移

資料：国税庁「酒のしおり」（平成 31 年 3 月）

２）現在の日本酒市場の概況

　市場における**寡占度**^{注2}を測る指標の一つに、上位 10 社の占有率を示す CR10 がある。例えば、我が国におけるコーヒーの CR10 は 86.3%、発泡酒は 100% である。日本酒市場は、飲料系では珍しく CR10 が約 50％と寡占度が低いことが特徴として挙げられる（**表２－**

注2：市場において、ある商品やサービスが少数の売り手によって支配されている状態を「寡占」とよぶ。寡占が進むと、市場のその他の主体に影響を与えることができるようになる。寡占度は寡占の度合いを示すものであり、上位企業の事業分野占拠率（％）の合計値である CR（累積集中度）が用いられる。

1）。日本酒全体の出荷量はまだまだ灘・伏見の大手メーカーの勢力が大きいが、特定名称酒のみに注目すると、その寡占度はさらに低く、CR10は3割程度であり、いわゆる大手メーカーではなく中小の酒蔵にあたる、「朝日山」や「一ノ蔵」がトップ10に踊り出てくる（**表2-1**）。特定名称酒においては、さまざまな銘柄が競争関係にあると言えよう。顧客の日本酒に対するニーズも昭和の時代の安く酔える日本酒から少し高くてもおいしい酒へと変化しているなか、消費者に求められるものとして特定名称酒が位置付けられていると考えられる（**図2-5**）。これらのことから、中小の酒蔵が生き残っていく一つの手法として、付加価値のある特定名称酒を主力商品とした販売戦略があげられる。

表2-1 銘柄ごとの出荷量および市場シェア

順位	日本酒			特定名称酒		
	銘柄 （社名）	出荷量 （kL）	占有率 （%）	銘柄 （社名）	出荷量 （石）	占有率 （%）
1	白鶴	58,284	10.5	剣菱	36,800	4.0
2	松竹梅	52,043	9.3	朝日山	32,041	3.5
3	月桂冠	46,056	8.3	菊水	30,577	3.4
4	世界鷹G	25,399	4.6	オエノンG	30,454	3.3
5	大関	23,090	4.1	菊正宗	30,150	3.3
6	オエノンG	17,168	3.1	白鶴	28,100	3.1
7	黄桜	17,092	3.1	白鹿	26,510	2.9
8	菊正宗	15,766	2.8	月桂冠	23,300	2.7
9	日本盛	15,492	2.8	世界鷹G	19,439	2.1
10	清洲桜	10,020	1.8	一ノ蔵	14,591	1.6
10位計		280,410	50.3		271,962	29.9

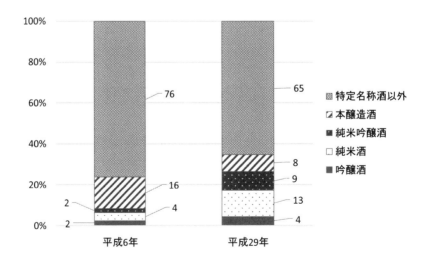

図2-5 清酒のタイプ別課税移出数量の割合

　こうした日本酒の市場構造においては、中規模以下の酒蔵は大メーカーとのポジショニングが重要である。ここで、清酒と**特定名称酒**を対象として、上位5銘柄と、続く6位から20位までの銘柄における2001年と2016年の出荷量と市場シェアを示すことによって、大メーカーに対して、中規模以下の酒蔵がどのような戦略をとってきたのか概観する。

　まず、日本酒全体について**図2-6**に示す。2001年と2016年の2時点を比較すると、上位5銘柄と6-20位銘柄のいずれも出荷量が減少し、市場シェアについては、上位5銘柄でやや上昇している。

　続いて、特定名称酒について**図2-7**に示す。2001年時点では、上位5銘柄と6-20位銘柄の生産量および市場シェアが拮抗し、上位5銘柄がやや上回っていた。2016年時点では、大きな変化が見られる。上位5銘柄の出荷量が半分以下に減少する一方、6-20位銘柄においては、出荷量はわずかに減るものの市場シェアは上昇している。

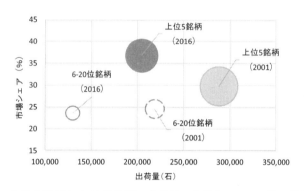

図2-6　上位5銘柄と6-20位銘柄の出荷量、市場シェア、平均出荷量（清酒）

注：バブルの大きさは蔵当たりの平均出荷量である。
資料：日刊経済通信社「酒類食品産業の生産・販売シェア」

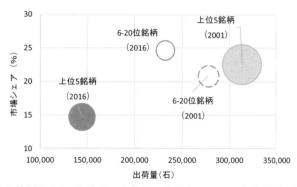

図2-7　上位5銘柄と6-20位銘柄の出荷量、市場シェア、平均出荷量（特定名称酒）

注：バブルの大きさは蔵当たりの平均出荷量である。
資料：日刊経済通信社「酒類食品産業の生産・販売シェア」

注3：特定名称の清酒とは、吟醸酒、純米酒、本醸造酒をいい、それぞれ所定の要件に該当するものにその名称を表示することができる。なお、特定名称は、使用原料、精米歩合、こうじ米、使用割合（新設）、香味等の要件の違いによって8種類に分類される。

日本酒全体では大メーカーと中規模以下の酒蔵のいずれも出荷量が減少しているが、販売を伸ばしている特定名称酒においては、中規模以下の酒蔵が健闘していると評価できる。

4．酒造りの変遷

1）愛媛県における杜氏の歴史

いわゆる「酒どころ」には寒冷地のイメージがあるが、温暖な愛媛県もまた酒造りが盛んである。東西に連なる四国山地には、冬の間、多くの雪が降り積もり、山里に向けて寒風が吹く酒造りに適した環境にある。また、「うちぬき」の水を始め四国山地からは豊富な伏流水が湧き出ている。さらに、宇和海から獲れる四季を通じた海の幸も、良質で美味い愛媛の酒を育んできた。

愛媛県の酒蔵は、「全国新酒鑑評会」において多くの蔵元が金賞を受賞するなど、全国トップクラスの酒造りの技術を誇る［2］。その起源は今から約400年以上前の戦国時代後期に遡り、1611年には伊予の道後酒として名を成したとの記録が残る。その後、全国でも有名な越智郡杜氏、伊方杜氏など多くの技術者を輩出したが、越智郡杜氏組合は約35年前に解散、伊方杜氏も2014年に解散してしまい、県の杜氏組合は無くなってしまった。しかし、その伝統は受け継がれ、現在、愛媛県内には39もの蔵が存在する。そのほとんどが年間生産量180kL以下と比較的小さな規模であるが、昔ながらの伝統を守り酒造りを続けている。近年は杜氏の高齢化もあり、杜氏を雇わず自ら酒造りに携わる蔵元も多く見受けられるなど蔵元杜氏化が進みつつある県である。

近年の愛媛県における日本酒の製造について示す。清酒製造業者の数は、大きな変化がなく、四国では最も蔵の数が多い（**表2−2**）。一方、清酒製造量は四国地域内で見ると第二位であり、中規模の蔵が多い高知県と小規模の蔵が中心の愛媛県という違いがある。酒造りについても、高知県は三季蔵での精製量が多いのに対し、愛媛県では冬季蔵の精製数量が多い点が興味深い（**表2−3**）。

表2−2 四国地域の清酒製造業者の推移

（単位：者）

都道府県別	2012年	2013年	2014年	2015年	2016年
徳島県	23	22	20	21	18
香川県	7	7	7	7	7
愛媛県	41	43	42	42	39
高知県	18	17	18	17	18

資料：国税庁「清酒製造業の概況」（平成29年度調査分）

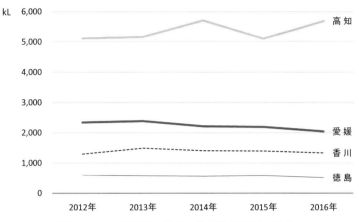

図2−8 四国地域の清酒の課税移出数量の推移

資料：国税庁「清酒製造業の概要」

表2−3 四国地域の蔵のタイプ別清酒精製量

（単位：kL）

都道府県別	四季蔵	三季蔵	冬季蔵
徳島県	—	—	369
香川県	—	612	272
愛媛県	—	267	1,229
高知県	—	3,858	860

資料：国税庁「清酒製造業の概況」（平成29年度調査分）

2）石鎚酒造における酒造り

　現在、石鎚酒造では、「蔵元杜氏」という体制で酒造りを行なっている。歴史的に、酒造りは杜氏が最高責任者としてその蔵の経営者である蔵元から酒造りを請け負う、という体制で行われてきた。しかし、蔵元杜氏はその名の通り、蔵元が蔵の経営だけでなく製造にも携わるものであり、近年、増加しているが全国的に見るとまだ珍しい形態である。

　先述のように、石鎚酒造は、備中杜氏、越智杜氏、伊方杜氏と続いた5人の杜氏による酒造りを行ってきた。蔵元杜氏による酒造りへの転換は1999年である。

　蔵元杜氏に転換した当時は、愛媛県内でも蔵元杜氏による酒造りはほとんど行われておらず、周囲からは素人の酒造りと揶揄されることもあったという。酒造りは、先代の杜氏や酒類総合研究所から教えを受けて進めていたが、この年は愛媛酵母 EK-1 が登場した年でもあった。この酵母を用いた大吟醸は、県の鑑評会においては金賞、**全国新酒鑑評会**[注4]でも入賞（銀賞）の栄誉を受けることとなる。現在は、石鎚酒造は、県内で蔵元杜氏によ

注4： 独立行政法人酒類総合研究所と日本酒造組合中央会の共催によって行われる、日本酒の新酒の全国規模の鑑評会であり、その始まりは1911年にさかのぼることができる。酒類総合研究所、国税庁の酒類鑑定官、醸造に関する学識経験のある者、清酒の製造業・販売業・酒造技術指導に従事している者から選ばれた審査委員が唎き酒を行ない、香味の調和や特徴について、規定項目を人間の五感をもって審査するほか、酸度や香気成分についての科学分析も行われる。審査の結果、成績が上位の出品酒が入賞となり、特に成績が上位の出品酒を金賞とされる。

る酒造りを始めた蔵が酒造りを学びに来る蔵ともなっている。

　蔵元杜氏による酒造りのメリットを越智浩氏は3つ挙げている。1つめが給与の面である。杜氏組合では当時の最低賃金が高額に指定されていることもあり、蔵の経営を圧迫することもある。蔵元杜氏は、家族で技術をカバーしあいながら酒造りを行うことで、人件費を抑制することができる。2つめが商品開発力である。酒造りの最高責任者が杜氏であれば、蔵元が造りたい方向性と杜氏のそれに齟齬が生じる可能性もある。経営内におけるリーダーが二人いることによるガバナンス上の問題点を、蔵元杜氏は経営と製造の両方でなくすことができるのである。3つめのメリットは、酒造りに通年関わることができることである。一般的に、杜氏は季節雇用であるので、酒造りが終わると故郷に帰っていく。しかし、蔵元杜氏であれば1年を通じて蔵に居るため、販売を通じて、作った酒の評価や評判を聞いて、次の酒へ反映することが可能になり、細やかな商品設計や仕様変更にも迅速に対応でき、かつ、納期の短縮を実現できる。越智浩氏は、こうしたことについて「酒造りを人任せにせず、自分たちで最後まで酒を大事にすることができることが蔵元杜氏の利点」と述べている。

　一方、蔵元杜氏のデメリットとして、酒造りの引き継ぎがうまくいくかわからないことが挙げられる。杜氏組合から杜氏が派遣される通常の蔵とは異なり、蔵元杜氏では醸造技術を若手に継承する必要がある。歴史の浅い蔵元杜氏という仕組みにおいて、現在の蔵元も成長段階にあるなかで、どれだけ技術継承ができるかが課題となっている。

　石鎚酒造において、重視されているのが省力化や正確化という概念であり、データに基づく酒造りである。誰が造っても同じ味になることが理想であり、そのための温度、湿度、白米吸水率、麹の種類といった様々な要素を細かく数値化し、杜氏のもつ五感や経験を補うことが目指されている。

　施設や設備についても、麹室はほとんど木材を用いないことにより、オフレーバーを

写真2−2「石鎚 純米大吟醸 VANQUISH」と農大花酵母「プリンセス・ミチコ」による7蔵の酒

防止し清掃が効率化されるなど、酒造りが高位に安定するための取り組みが行われている。製造の現場である酒蔵の設備を順次刷新することによって、品質と同時に生産プロセスの向上も進めてきた。また、品質を保ち安定させるための貯蔵管理にも注力し、2000年より、タンク貯蔵からほとんどの商品を瓶貯蔵による低温冷蔵管理に変更し、冷蔵貯蔵庫を年々拡充した（**表2－4**）。こうした様々な施設整備により、酒造から顧客までの安定した生産管理と品質管理を可能にしている。

5．日本酒とマーケティング戦略

ドラッカーは、その主著『マネジメント』において、「マーケティングの目的は、**selling**[注5]を不要にすること」と述べている［3］。selling は「販売」と訳されることも多いが「売り込み」と言い換えることもできよう。ここでは、石鎚酒造のマーケティング戦略について述べる。マーケティング戦略においては、しばしば4Pと称される要素で構成される、マーケティング・ミックスが実行戦略として位置付けられ、それに先行するのがセグメンテーション、ターゲティング、ポジショニングの基本戦略である。

表2－4 施設・設備の整備

年度	施設・設備
1997 年	分析・酵母培養室の新設
1998 年	瓶燗火入れ用槽の新設
1999 年	洗米・浸積および蒸きょう行程を清潔な環境下で行う為に会場を増改築
2000、2001 年	麹室における室温度精密制御盤および床用製麹培養槽の新設
2001 ～ 2016 年	仕込み蔵の冷媒装置付きサーマルタンク、パラボンドタンク、ジャケットタンクの新設および増設
2001、2009 年	酒槽の新設、増設（現在2基）
1997 ～ 2002 年	瓶詰め場のフルライン化
1997 年	火入れ殺菌装置・プレートヒーターの新設
1997、2003、2004、2006、2010、2013 年	貯蔵酒用大型低温冷蔵庫の新設
2004 年	酒粕真空蒸留装置の新設
2006 年	グルコース測定他を目的に分光光度計を購入
2007 年	洗い場の改築
2006 ～ 2017 年	第一工業電磁弁他、タンク個別冷媒装置の増設
2009 年	ウッドソンバッヂ式洗米機・脱水吸引機の新設
2013 年	麹室刷新工事・新設、立花機工フレキシブル充填機
2017 年	圧搾室及び圧搾機の新設

注5： "Indeed, selling and marketing are antithetical rather than synonymous or even complementary. There will always, one can assume, be need for some selling. But the aim of marketing is to make selling superfluous. The aim of marketing is to know and understand the customer so well that the product or service fits him and sells itself.", *Management*

1）ポジショニングとターゲティング

　先述のように、日本酒市場においては、中小規模の酒蔵は灘・伏見の大メーカーに対するポジショニングが重要である。石鎚酒造も蔵元杜氏制による酒造りを始めた年から大吟醸で全国新酒鑑評会において入賞を果たしたように、特定名称酒に力を入れてきている。杜氏による酒造りをしていた時期は、普通酒が 90％ 程度であったが、現在は普通酒の割合は 10％ 前後と大きく減少し、特定名称酒にシフトしている。特定名称酒は利益率も高いため、経営の安定性に大きく寄与している。こうした特定名称酒への転換は、越智浩氏が大学を卒業後、酒類の卸会社で働いていたことも影響している。浩氏が酒のトレンドを敏感に捉えていたため、特定名称酒へのシフトを経営において明確に位置付けることができたことも、経営としてプラスに働いたといえよう。

　販売する酒の種類が変われば、ターゲットとなる顧客も変化する。漫画「サザエさん」では、波平さんは会社に背広で出かけ、自宅で着物に着替えて酒を飲んで寛ぐが、その酒を磯野家は三河屋さんという酒屋から調達している。いわゆる御用聞きである。石鎚酒造においても、昭和 50 年代くらいまでは、「お父さんの晩酌」のための普通酒を近隣で販売していた。ビール消費及び拡大と衰退と並行して、飲酒のスタイルも変化し、こうしたターゲットにおける日本酒の消費も減少してきている。地方での清酒を販売するチャネルも、酒販店からコンビニ、スーパー、ドラッグストアのような量販店とシフトしてきた。石鎚酒造の地元愛媛県でも、1998 年以降、古くからの顧客である地元の酒販店が相次いで廃業し、現在は最盛期の約 3 分の 1 となっている。地元消費の減少というトレンドに対応するためにも、普通酒から特定名称酒への転換とターゲットの変更が求められていたのである。マーケティング戦略としても、地元から県外、ひいては海外へとターゲティングの変更と、マーケティング・ミックスが整合的に機能したといえるであろう。

2）マーケティング・ミックス

　酒類は古くから「生販三層」と呼ばれる「メーカー（酒蔵）→問屋（卸）→小売」という流れによって顧客に届けられてきた。それに対して、石鎚酒造では、限定流通による販売に特化している。石鎚酒造の限定流通とは、全国 80 店舗余りの酒販店や百貨店を特約店として、直接的な販売を行うというものであり、中間流通業者である卸売業者との取引は皆無である。かつ、飲食店や一般消費者への直接販売は一切していない。蔵のウェブサイトは整備されているが、EC[注6] サイトとしての機能を持たせず、消費者への直接販売もしていない。

　石鎚酒造が高品質な酒造りをし、その商品の品質特性やそれに係わる物語を特約店に伝え、特約店が中心となって商品特性や思いを飲食店や消費段階へ繋ぐ、という形が石鎚酒

注6：electronic commerce の略。電子商取引。これを行うことができるウェブサイトを EC サイトと呼ぶ。とくに、複数の売り手がインターネット上の 1 カ所に集まる場合を電子商店街と呼んで、自社の商品やサービスを自社のウェブサイトで販売する場合と区別することがある。

造の理想とする姿である。そうした、「石鎚」を販売する日本全国各地の特約店との結び
つきは強固なものであり、適正な販売価格での販売を行えるため、近年の業績は、売上高、
営業利益ともに増加している。

3）コミュニケーション

　マーケティング戦略では、その実行戦略を製品 Product、価格 Price, 流通 Place, プロモー
ション Promotion の４Ｐとして考えることが多い。このうち、プロモーションについては、
その手段として、狭義のプロモーションである販売促進（セールス・プロモーション）の
ほか、人的販売、広告、**PR（パブリック・リレーションズ）**[注7]、ダイレクト・マーケティン
グといったものがあり、これらの組み合わせであるコミュニケーション・ミックスによっ
て、マーケティング目標を追求するのである。

　日本酒市場は、大メーカーと中小の酒蔵で異なった戦略が求められることはこれまでも
述べてきた。大メーカーのマーケティングを例として挙げると、読者の多くも「松竹梅」
のジングルを耳にしたことがあるのではないだろうか。そうしたテレビＣＭなどの広告は、
ブランドの知名度の向上と**ブランド再認**[注8]には大きな影響があるものの、中小の酒蔵が行
うことは難しい。それでは、どのようなコミュニケーションが、中小の酒蔵にとっては有
効なのだろうか。

　石鎚酒造のコミュニケーションの特徴として、販売促進のウェイトが小さいことがある。
販売促進とは、消費者の購買意欲や流通業者の販売意欲を引き出すために行われる値引き
などのキャンペーンである。石鎚酒造は、販売にあたり、値引きと返品を行わない。また、
営業を積極的に行っていない。

　高品質な酒造りを行っている石鎚酒造であるが、品質面については、鑑評会に代表され
るコンペティションによって、第三者にも伝わる相対的な評価を得ているといえよう。先
述のとおり、全国新酒鑑評会の常連であるだけでなく、IWC（インターナショナル・ワイ
ン・チャレンジ）の SAKE 部門や SAKE COMPETITION においても高い評価を受けている
（**表2-5**）。こうしたコンペティションについては、権威のあるものに絞って出品し、結
果を出すという方針を採る、という戦略的な位置づけがなされている。また、ANA 国際
線全便のファーストクラスとビジネスクラスの機内搭載酒として、2013 年には主力商品
である「石鎚 純米吟醸 緑ラベル」が、2018 年には「石鎚 純米吟醸山田錦」が採用され
ている。こうした結果が国内外からの信頼、信用の向上に大きく寄与することとなった。

　こうした取り組みが、メディアを通じて様々な形で取り上げられることによって、公衆
に広く知られるようになることを、PR においては、パブリシティと呼んでいる。こうし
たパブリシティは、対価を支払ってスペースや時間を購入して行う広告のように即効性は

注7：企業や団体、個人が公衆の理解や共感, 協力を獲得し、これを維持、発展させるために組織的に行う活動のことである。
　　　日本ではアピールや宣伝といった意味で使われることが多いが、PR は広告とは明確に区別される概念である。
注8：例えば、特定のロゴやパッケージといったブランド要素に接したとき、そのブランドを思い出すことを「ブランド再認」
　　　と呼ぶ。また、消費者に特定のニーズが生まれたとき、特定のブランドを思い出すことを「ブランド再生」と読んでいる。

表2－5　受賞歴

酒造年度	賞
1999	■全国新酒鑑評会　入賞
2000	■全国新酒鑑評会　入賞
2001 ～ 2002	■全国新酒鑑評会　金賞
2004 ～ 2008	■全国新酒鑑評会　入賞
2010	■全国新酒鑑評会　金賞
2011	■全国新酒鑑評会　入賞
2012	■全国新酒鑑評会　金賞 IWC* の SAKE 部門にて「石鎚 無濾過純米酒」がゴールド及びリージョナルトロフィー
2014	■全国新酒鑑評会　入賞
2015	■全国新酒鑑評会　金賞 IWC の SAKE 部門にて「石鎚 無濾過純米酒」がゴールド及びリージョナルトロフィー
2016	■全国新酒鑑評会　金賞 IWC の SAKE 部門にて「石鎚 純米大吟醸」がゴールド SAKE COMPETITION 2016 にて「石鎚 純米吟醸雄町」と「石鎚 純米大吟醸」がゴールド、「はせがわ酒店賞」

*: インターナショナル・ワイン・チャレンジ

普通酒から特定名称酒へシフト 酒造から顧客までの安定した生産管理と品質管理 **Product**	値引きと返品を行わない 特約店との契約による適正な販売価格 **Price**
飲食店や消費者への直販を行わない「限定流通」 卸売業者を介さない特約店との取引 **Place**	コンペティションへの戦略的な参加 広告でなくパブリシティによるプル戦略 **Promotion**

図2－9 石鎚酒造のマーケティングの特徴

ないものの、第三者によって価値があると判断されている情報であることから、長期的には広告以上の効果を発揮することがある。マーケティング戦略では、**プッシュ戦略**[注9]と**プル戦略**[注10]という分類が用いられる。これらはトレードオフの関係にあるのではなく、互いに補完的に用いられることが多いが、石鎚酒造の場合には、高品質な酒造りという内部資源をうまく活用したパブリシティというコミュニケーション活動として、プル戦略を上手に実行している例ということができよう。ドラッカーがマーケティングの目的とした、積

注9：商品が、製造業者から流通業者、小売業者を経て消費者へ到達する過程において、製造業者が流通業者に対して財政面の援助、製品説明、販売方法指導、販売意欲喚起を促し、それを受けた流通業者が小売業者に、小売業者が消費者に働きかけ、購買行動へと促すプロモーション活動である。
注10：製造業者が、広告やパブリシティ、消費者向け販売促進などによって消費者の購買意欲を喚起し、消費者が商品を指名して購入するプロモーション活動である。

極的な売り込みを行わなくとも販売が可能になる、ということを実現している経営とも評価できる。

6．まとめ

　石鎚酒造の酒造りをマーケティング戦略の視点からまとめる。

　まず、蔵元杜氏制に転換し、蔵のなかでの分業体制を確立していることにより、細やかかつ迅速な商品開発や仕様変更を行うことが可能になり、また、納期も短縮できている。そうした酒造りを行うための施設や設備も整えられてきた。

　酒の種類は、普通酒から特定名称酒に転換している。これは、外部環境としての地元消費の減少への対応でもある。また、利益率も高い高品質な特定名称酒を販売するのは全国の特約店であり、卸売業者や飲食店、消費者への販売は行っていない。この特約店との信頼がもたらす強い繋がりによる限定流通によって、現在では営業を行っておらず、販売促進のための値引きも行っていない。そうした石鎚酒造の酒であるが、全国新酒鑑評会のほか、権威あるコンペティションでの受賞、ANA のファーストクラスとビジネスクラスへの採用、といった第三者の評価により、良く知られることとなっている。こうした、対価を支払う広告ではないパブリシティによるプル戦略が、コミュニケーション面での石鎚酒造の特徴である。

＜課題1：平成11年に蔵元杜氏制に切り替える際に、注力する酒の種類を普通酒から特定名称酒に切り替えたが、そのことによる、メリットとデメリットについて、経営の内部環境と外部環境の両面から考えなさい。＞

＜課題2：酒類の消費の減少をもたらした要因について整理し、ビールと日本酒のメーカーが消費の減少にどのように対応してきたか考えなさい。＞

＜課題3：石鎚酒造はプル戦略を効果的に用いているが、プッシュ戦略を活用したプロモーションにはどのような方法が考えられるか、石鎚酒造の立場で考えなさい。＞

【参考情報】東京農大経営者フォーラム 2017
東京農大経営者大賞受賞記念講演　越智 浩氏

　皆さん、こんにちは。私、石鎚酒造の越智浩と申します。

　本日は、東京農大経営者大賞をいただきまして、誠にありがとうございます。私どもは、私、越智浩だけではなくて、私の実弟であり、また、石鎚酒造の製造取締役を務めており

ます越智稔もあわせて経営者大賞を受賞させていただきました。兄弟での受賞ということで最初は戸惑いもあり、まさかという気持ちもあったのですが、恐らくは、私どもの家業である酒造りが評価されまして、また、私だけではなく私と弟が一体となって、また後でお話ししますけども、家族一体と社員一体となっての酒造りが評価されての今回の受賞だというように思っております。ありがとうございます。

　私、実は3年前にですね、この東京農業大学に久しぶりにお邪魔させていただいたことがあります。私は平成5年の卒業なのですが、久しぶりに、20年ぶりぐらいでしょうか、大学にお邪魔させていただきまして、学生時代の恩師にほんとうに懇切丁寧に学内をご案内していただきました。やっぱり20年経ちますと、学内も非常に変わっておりまして、それまでには大きな地震があったり災害があったり、そんなこともあって建物が変わったり、風景も変わったりしているのですけれども、やはり農大の端々に当時の面影とか思い出があって、すごく懐かしく、また、当時、農大で勉強させていただいたことをありがたく感じた、そんな思い出があります。

　とにかく私が農大を出てから、私も今、家業である、実家に帰りまして酒造りをしているわけですけども、さっきご紹介しました弟と一緒に、中心となって酒造りをしております。

　今日の朝、東京に出てまいりました。昨日の夕方まで、酒造りをもうスタートしておりますので、来年の6月まで長い長い酒造りをするわけなのですけども、会場でうちの弟と会ったわけでございます。同じ飛行機に乗りますと、もしやがありますので、必ず違う便に乗るように私どもしております。会場に着きまして、私も今日、グリーンのネクタイをしているのですが、私の弟、製造部長も、今日はグリーンのネクタイをしておりまして、やはり農大愛があるなと。今日は、そういった愛を持ちながら、この壇上に立たせていただいております。

　まず、私ども石鎚酒造の少しお話を、紹介をさせていただこうと思っております。私どもは、四国は愛媛県西条市というところに蔵を構えております。西条市というのは水の都といわれまして、現在、11万人ぐらいの人口がいるのですけども、約6割から7割の市民が涌き水によって水道代がタダという、非常に全国的にも稀有な立地条件でございます。

　当然、私ども酒造りにおきましても、条件が揃っておりませんと酒造りになりませんので、米であったり水であったりということは重要なファクターであるのですが、その水については非常にいい条件の軟水で、そういったところに蔵を構えさせていただいております。創業が大正9年、1920年ですので、ちょうど2020年の来たるべき東京オリンピックの年に創業100周年を迎えるという、まだ比較的、酒蔵としてはそんなに古い酒蔵ではないのですけれども、ようやく100周年を迎えさせていただけるという、そういった蔵元でございます。

　私どもの蔵の理念といいますか、そういったところにつきましては、やはり私ども、日本酒を造っていく上で、昔は、お酒は、ただ飲んで酔っ払うだけのツールというか、そう

いった部分が多かったと思うのですけど、今はそうではありませんで、やはり質であります。おいしさであります。ですので、そういったおいしさを通じてですね、「食中に生きる酒造り」。要は、いろんなものをお酒と一緒に食べていただいて、さらにお酒もおいしく召し上がっていただこうというのが、私どもの酒造りの目標であり理念でございます。

　また、日本酒の魅力をですね、一人でも多くの人に伝えたいという思いが強うございます。日本の伝統産業として、長く人々の生活に寄り添って生きている日本酒は今、若い方たちとか女性にですね、二日酔いをするとか、おやじくさいとかですね、太りやすいとかいった、そういった間違ったネガティブなイメージばかりが先行しているので、これからもっともっと素晴らしい日本酒を飲んでいただきたい。今日、会場にいらっしゃる皆さんもそうだと思うのですが、若手の皆さんに、十分に良さとかおいしさというのが浸透してないのじゃないかという、そういった私は気がしております。まさにそれが現状だと思っております。そういった課題を解消するべく、私どもがどういった思いで、また情熱で、どうやって日本酒というのを作っているのか、どんな魅力があるのか、これからそういったことをですね、きちんと皆様方にもお伝えをしながら、美しい酒造りをしていきたいというふうに思っております。

　酒造りについてでございますが、私どもの蔵の規模としましては年間200キロリットル弱、石高にしますと1,200石ぐらいを出荷している蔵元でございます。

　私ども、東京農大を卒業しまして、私は都内の酒商社に5年ほど勤めました。私の弟も大学を平成9年に出まして、茨城の酒造メーカーさん、蔵元さんに3年勤めました。大学を出るときは実家の蔵に帰る予定、そのつもりは全くありませんでした。といいますのは、日本酒の業界というのはなかなか厳しい時代に突入しつつあったのです。今でも厳しい業界であるというふうに思っています。追い風が吹いている業界といわれますが、なかなか今、酒をしっかり売っていくのは大変なことであります。

　その頃に就職していたのですが、うちの父親がですね、もう蔵の杜氏さん、酒造りを司ってくれるリーダーですね。そういったリーダーが、もう高齢で引退をしたいからどうしようかと考えていると。蔵の存続を懸けて、できたら息子二人、蔵に帰ってきてくれないかと。これが平成11年の話です。

　当然、私どもも、全くもって帰るつもりはなくて仕事をしておりましたので、いろいろ悩みもしましたけども、一念発起をしまして、蔵のほうに帰って家業をしっかり引き継いでいこうと思いました。それが、帰りましたら予想以上にですね、大変なことであったわけであります。

　当時ですね、愛媛県の蔵の数ですが、今は41社あるんですが、当時は70社近く蔵がございました。ただ、杜氏さんという酒造りのリーダーと蔵人を抱えている蔵元さんがほとんどでありまして、私どもはもう父親の考えで、そういった杜氏さんを雇っての酒造りではなくて自分たちで造ろうと。要するに、自分たちで造って、しっかりとお酒をお客様に販売していこうというのを平成11年から始めようという考えを持っておりました。

　周りはですね、私どもの同業については、愛媛県内すべて杜氏さんを雇われていて蔵人さんもいらっしゃった。私どもがそういった酒造りをスタートするという話をしましたらば、もう、「大変無謀な挑戦である」とかですね、もう、「素人の酒造りを始める」とかですね、いろんな揶揄をされたのを記憶しておりますけども、まさに平成11年というのは私どもの酒造りのスタートであります。

　今年で19年目を迎えますけども、愛媛県は今、蔵元が41社になりました。その中で酒造りを杜氏さんにお任せしている蔵元さんというのは、わずか2社になりました。

　ですので、圧倒的に、蔵の社員の方がお酒造りをしたり、代表者であったり、その親族が酒造りをするというパターンが非常に増えてきているということがいえるわけです。としますと、私どもが駆け出しの頃に酒造りをしておりましたらば、近所の蔵元さんから「越智さん、大丈夫か」という心配をしていただいたり、若干、大変厳しいお話をいただいたりもしたのですけども、今になって、その蔵元さんもそういった状況下に置かれまして、「越智さん、うちの家族、息子にも酒造りを教えてあげてくれないか」なんて話もいただきます。私は喜んでお話をさせていただくのですけども。

　これからは、まさにそういった、家業、家族が酒造りをしたり、社員が酒造りをする時代に、ますます拍車がかかるというふうに思っております。

　国税庁の製造状況を調べるという取り組みのなかに、非常に興味深い数字がございました。今私がお話ししました杜氏の話です。昭和61年には、いわゆる季節雇用で杜氏さんに来ていただけるという蔵元さん、要は杜氏が酒を造り、季節杜氏が酒造りしている蔵元さんは74％ありました。これが平成8年には62％、平成18年には35％、昨年の平成28年には何と15.9％。他方、私どものような、代表者またはその親族が造っているような酒蔵はですね、30年前の昭和60年には13.9％、現在では46.6％と。社員が杜氏を務める蔵元さんと合わせますと、約7割ということで、もう、30年前と酒造りの現場は随分と変わってきたということが、この数字を見ても実証されているわけです。

　ですから、私どもの若い技術者がですね、これからおいしい日本酒を造っていくためには様々な努力もしていかなきゃいけないわけなのですけども、そのなかで私どもが、ここ19年、お酒造りをしてきて考えていることや感じていること、いわゆる経験と勘というのはある程度ついてくるものです。ですが、その経験と勘だけに頼ってきたのが昔ながらの杜氏さんです。私どもは農大でもしっかり勉強したつもりではいますけども、そういった数字ですね。例えば、酒造りにおいて水分でありますとか、いろんなデータが出てまいります。毎年、出来上がる、収穫されるお米の性質が違いますから、そのデータは1年しか使えませんけども、そういった数字をしっかりと押さえて酒造りに臨むと、再現性であるとか安定性であるとか、さらなるおいしさの追求というのが可能になってくるというふうに私どもは信じております。

　今、日本酒は、私どもの酒造りが認められたせいか、海外のほうに非常に追い風が吹いております。とは言いましても、日本酒が国内で消費されている量のまだ4％程度が海外

に行っているということで、今後、2020年に向けて、さらなる輸出量の向上が見込める
わけですけども、これが10％になるのを目標に私どもも頑張っていきたいというふうに
思っております。

　私ども石鎚のお酒もですね、そうやって家族で造っている中で、近年いろんなところで
お使いになっていただくようになりました。幾つか例を言いますと、さっきの海外の話で
言いますと、今、私ども愛媛県はシンガポールといろいろな業務提携をしております。愛
媛県の産品、山の幸、海の幸をシンガポールに持ち込みます。シンガポールの商社の方が
愛媛県にお見えになって、いろんなところを巡られて私どもの蔵に来るのですけども、ほ
んとに心底、私ども石鎚のお酒に惚れ込んでいただいてですね、「また越智さん、ぜひシ
ンガポールに来てください」なんていうふうに言われて、商社の社長は帰られたわけなの
です。今年の4月に何とですね、ドッキリかと思ったのですけども、無理やり酒造りを
ちょっと抜け出してシンガポールに行ってみますと、私どもの「Ishizuchi Sake Bar」と
いうのを勝手にオープンしていただいておりました。全く私どもは1円の出資もしてない
んですけども、ほんとに一生懸命、日本酒をシンガポールの地で、シンガポールの食材と
一緒に売っていこうという、その社長さんの思いが大変私にはありがたかったです。た
だ、シンガポールという国はですね、日本より、関税の関係でお酒が高くなっております。
国内で私どもの大吟醸が1本5,000円で売られているところが、シンガポールでは2万
5,000円で売られております。ただ、すごく日本酒は人気があって、今そのお酒は非常に
よく売れているというお話を聞いております。やっぱり、飲み方とか提案の仕方というの
を、これからしっかりと私どもも海外の方にお伝えしないと、ただ単にお酒を流通させて
いるだけではダメになっていくのではないかという、そんなふうに思ったりもするわけ
でございます。

　これからの酒造りの話を少しさせていただきたいと思っております。先ほど杜氏さんの
お話をしましたけども、私どもも家族での酒造りをずっとしてきました。ただ、家族で酒
造りしていることを売りにしているのではなくて、まずは自分たちでしっかりと酒造りを
体感して、私どもの後を引き継いでくれる地元の方であったり後継者に、その技術であっ
たり思いをしっかりと伝えていかなければいけない。ですので、そういった、まずは私ど
もが、自分たちでそれをしっかりと学んで、また経験して伝えていくと。昔から酒造りっ
て、何かこう、杜氏さんとか親方が言うことは、黒いものは黒、白いものは白っていう感
じがあったのですけど、私どもは現場の若手にもよく話をするのですけども、必ず理論を
もって、理屈があって、納得ずくで仕事をしようという話をしております。まだまだ酒造
りは難しくて、解明されてないメカニズムなんかもあるのですけども、さっき数字の話を
しましたとおり、安定性のある酒造りをするには、まずは自分たちの経験を数字に具現化
することが大事だというふうに思っております。

　さっき海外の話もしましたけども、私どものお酒も、全日空の国際線のビジネスクラス、
ファーストクラスに乗せていただいたり、愛媛県は今年の10月に国体があったのですけ

れども、国体のレセプションパーティで、ご指名をいただきまして、天皇皇后両陛下にも
お召し上がりいただくような、そういった機会も頂きました。

　そういった、素人の酒造りと言われた酒がですね、一生懸命コツコツ努力して、まだま
だ道半ばでありますけども、夢を持って将来に向かって、おいしいお酒を一生懸命造ると、
見ていてくれる方がいるのかなと、そんなふうに思っているような次第です。

　最後になりましたけども、本日この東京農業大学経営者大賞をいただくに当たりまして、
様々な方にお世話になりました。感謝申し上げます。ますます東京農業大学が発展します
ことを祈念いたしまして、私のお話とさせていただきます。ありがとうございました。

【参考文献・ウェブページ】

［1］池尾恭一・青木幸弘・南知惠子・井上哲浩『マーケティング　(New Liberal Arts
　　Selection)』有斐閣、2011 年
［2］「愛媛県酒造協同組合　愛媛県酒造組合」ウェブサイト
　　（URL）http://www.ehime-syuzou.com/
［3］Drucker, P.F. Management, Harperbusiness, 2008.

第3章

顧客、地域と共生する高付加価値型の地方酒造場
－山口県萩市・(株)澄川酒造場－

佐藤和憲, サフィル・ラマドナ

1．はじめに

　日本酒（以下では清酒）は伝統的な酒として**和食**[注1]と共に食文化の一角を形成するとともに、社交の潤滑剤としての役割を果たしてきた。また、醤油、味噌などとともに伝統的な地場産業として地域経済に重要な位置を占めてきた。しかし、近年、酒類の消費が全体的に低迷する中で、食生活と嗜好の変化の影響もあって清酒の消費量は大きく減少し、これに伴い産業規模も縮小している。こうした中、特定名称酒と呼ばれる高品質な清酒により高価格、高付加価値を獲得しようとする動きが続いてきている。また、最近においては海外市場への輸出に活路を求めようとする動きも活発になっている。このように清酒業界を取り巻く環境には厳しいものがあるが、その下でも東京農業大学は、清酒業界のリーダーと目される数多くの経営者や技術者を輩出している。その一人が、山口県萩市の山間部で㈱澄川酒造場を営む澄川宜史氏である。澄川氏の経営展開には厳しい業界環境と自然環境の下にある地方の中小酒造場にとって示唆を与えるところが多い。

2．日本酒の生産・消費動向と業界の動き

　酒類は日本経済の高度成長とともに出荷量を伸ばしてきたが、酒類全体の課税数量は1999年の1,017万kL、課税額は1994年の2.12兆円をピークとして減少に転じている。

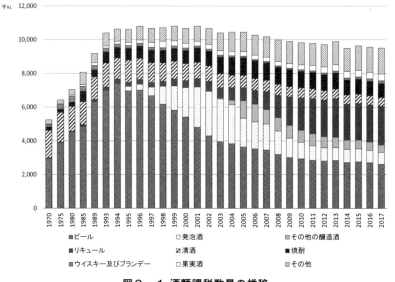

図3−1　酒類課税数量の推移

資料：国税庁「酒のしおり」（平成31年3月）

注1：2013年12月、「和食；日本人の伝統的な食文化」がユネスコ無形文化遺産に登録された。日本は国土が南北に長く、四季が明確であり多様で豊かな自然を有しており、そこで生まれた食文化もまた、これに寄り添うように育まれてきた。このような、「自然を尊ぶ」という日本人の気質に基づいた「食」に対する「習わし」が「和食；日本人の伝統的な食文化」として評価されたのである。「和食」には、多様で新鮮な食材とその持ち味の尊重、健康的な食生活を支える栄養バランス、自然の美しさや季節の移ろいの表現、正月などの年中行事との密接な関わり、といった特徴がある。（参考）農林水産省ウェブサイト

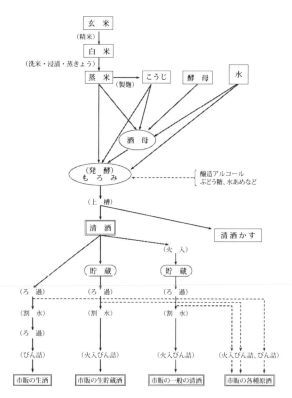

図３−２ 清酒の製造工程

注：国税庁「酒のしおり」p.23から転載

清酒は高度経済成長に伴う食生活と嗜好の変化により、早くも 1973 年代には 177 万 kL でピークに達し、それ以降長期的に減少し続け現在では 52.5 万 kL とピーク時の 1/3 以下になっている。1973 年のピーク時に清酒は酒類課税数量の 3 割弱を占めていたが、現在（2017 年）は 6％ を占めるに過ぎない。清酒の減少は、当初ビール類への消費シフトによるところが大きかったが、2000 年代に入ると全体的に酒類の消費量が減少する中で、発泡酒、焼酎、ワインなど消費の多様化の余波も受けて減少してきた。

　こうした過程を経る中で、日本酒業界は大きな変遷を繰り返してきた。日本酒造業は元々伝統産業として形成されてきたこともあり、地方の財力のある名望家が経営する多数の中小企業が大半を占めていた。明治以降、近代工業として急成長したビール業界が数社による寡占構造を形成しているのとは好対照である。全国の日本酒造場は、明治期に 2 万 6 千場、第二次大戦の直前でも 7,000 場あったとされている。その後、戦中戦後の混乱による激減を経て 1950 年代には 4,000 場を超えるまでに回復したが、その後は減少し続け、現在（2017 年）は 1,594 場になっている。清酒醸造業の 99.6％ は従業員 300 人未満の中小企業で、課税移出数量規模別の企業数では 100kL 以下の企業が 61.9％ を占めている。他方、資本金 3 億円以上かつ従業員 300 人以上の大企業は 6 社にすぎないが、販売数量規模では課税移出数量 10,000kL 以上（11 社）のシェアは 46.8％ であり、この 11 社が清酒市場の半数近くを抑えていることになる。

　このような日本酒造場の減少は、出荷量が増えていた 1950 ～ 1970 年代から継続してきてきた。当時、清酒需要は増加していたが、消費者から求められていたのは低価格の普通酒（特定名称酒以外の清酒のことで、米、米こうじ、水、以外に醸造用アルコール、糖類、酸味料などを加えて醸造される低価格の清酒である）であった。こうした中で、大手酒造場とブランド力や販売力で競争に敗れ廃業する零細酒造場が続出した。経営が苦しい零細酒造場の中には大手酒造場への桶売り（酒造場間で清酒をバルクで売買すること）するものもあり、これが大手の増産を支えた時期もあった。

　しかし、1970 年代後半以降、清酒の需要が減少に転じる中で、消費者の高品質、本物志向へのニーズ変化もあって、従来、大半を占めていた普通酒は徐々に減少し、これに替わって本醸造酒、純米酒、純米吟醸酒など普通酒より品質が高く高価格で販売できる特定名称酒の製造が増え 2000 年代前半には 30 万 kL を超えた。ただし、当初は、糖類と酸味料を除いた本醸造酒が半数以上を占め主体であったが、1990 年代に入ると本醸造酒は減少し、米、米こうじ、水から醸造されるより高品質な純米酒と純米吟醸酒が増加してきた。2017 年には清酒の 35％ が特定名称酒で、そのうち 62％ は純米酒・純米吟醸酒である（国税庁 2019）。過去 10 年間の動向をみると、特定名称酒全体の製造数量は 14 万 kL ～ 17

表3－1　特定名称酒の種類

	精米歩合	アルコール添加	法律の定義
純米大吟醸酒	50%未満	なし	大吟醸酒のうち、米、米こうじ及び水のみを原料として製造したもの
純米吟醸酒	60%以下	なし	吟醸酒のうち、米、米こうじ及び水のみを原料として製造したもの
特別純米酒	60%以下または特別な製造方法	なし	純米酒のうち、香味及び色沢が特に良好であり、かつ、その旨を使用原材料、製造方法その他の客観的事項をもって当該清酒の容器又は包装に説明表示するもの（精米歩合をもって説明表示する場合は、精米歩合が60%以下の場合に限る。）
純米酒	70%超	なし	精米歩合70%以下の白米、米こうじ及び水を原料として製造した清酒で、香味及び色沢が良好なもの
大吟醸酒	50%未満	10%以下	吟醸酒のうち、精米歩合50%以下の白米を原料として製造し、固有の香味及び色沢が特に良好なものに「大吟醸酒」の名称を用いる
吟醸酒	60%以下	10%以下	精米歩合60%以下の白米、米こうじ及び水、又はこれらと醸造アルコールを原料とし、吟味して製造した清酒で、固有の香味及び色沢が良好なもの
特別本醸造酒	60%以下または特別な製造方法	10%以下	本醸造酒のうち、香味及び色沢が特に良好であり、かつ、その旨を使用原材料、製造方法その他の客観的事項をもって当該清酒の容器又は包装に説明表示するもの（精米歩合をもって説明表示する場合は、精米歩合が60%以下の場合に限る。）
本醸造酒	70%以下	10%以下	精米歩合70%以下の白米、米こうじ、醸造アルコール及び水を原料として製造した清酒で、香味及び色沢が良好なもの
普通酒	70%超	10%超	特定名称酒以外の清酒

注1：特定名称酒は次の条件に該当するもの、①原料は米、米麹、醸造用アルコール
　　　②使用米は農産物検査で3等米以上、③麹米の使用比率は15%以上
注2：精米歩合とは、玄米から表層部を削って残った米の割合を%で表したもの
注3：アルコール添加とは、清酒の製造工程で植物由来のアルコールを加えること

万 kL の水準で推移しているが、そのなかで、純米酒と純米吟醸酒の比率は上昇している
のに対して、本醸造酒の比率は低下している。

　こうした特定名称酒増産の背景として忘れてならないのは、**酒米**[注2]の供給体制の変化で
ある。第二次大戦中戦後、食糧管理法の下、清酒の主原料の酒造用米も政府の直接統制を
受け、各酒造場には米の割当てが行われていたため、醸造量も米の割当量によって制約さ
れていた。しかし、1970 年代に入り米の過剰が問題となる中で、政府による統制は緩め
られ、新たな自主流通米制度の下、農協などから米を仕入れられるようになった。こうし
た自主流通米制度により、資金力の有無により米の仕入量、ひいては醸造量を大きく左右
されるようになり、資金力、販売力に勝る大手酒造場の醸造能力は強まり、零細酒造場
は苦境に立たされた。また、当初、自主流通米制度による米の調達自由化は普通酒の増
産に向かったようで、1970 年代から 1980 年代にかけては山田錦などの酒造好適米は減
少しており、特定名称酒の需要増を背景として山田錦の作付面積が再び増加し始めたのは
1990 年代に入ってからであったと指摘されている（梶本 2014）。

　以上のような特定名称酒増産の主な担い手は、地方の中小酒造場であった。清酒需要が
減少する中で、大手酒造場が普通酒それもより低価格なパック酒などにウエイトを置いた
低コスト戦略をとっていたのに対して、意欲のある中小酒造場は特定名称酒それもより高
品質な純米酒や純米吟醸酒の比率を高めるといった集中戦略をとった。これは、現在まで
純米酒と純米吟醸酒の清酒に占めるシェアが増加していることから、中小酒造場の生き残

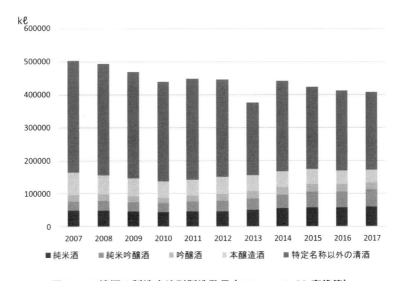

図 3 - 3 清酒の製造方法別製造数量（アルコール 20 度換算）

資料：国税庁「酒のしおり」

注2：日本酒の主な原料は、米と水と麹である。このうち、米は麹米用と掛け米用の 2 種類が用いられる。麹米には酒米が使わ
　　れ、掛け米には食用と同じ粳米が使われるが、特定名称酒の場合には酒米のみが、普通酒の場合には麹米、掛け米ともに
　　すべて粳米で造られることが多い。酒米は、米の粒が大きく、心白も大きいといった、粳米のなかでもとくに酒造りに適
　　した品質を持ったものであり、酒造好適米とも呼ばれる。品種には、酒米の代表格といえる山田錦のほか、五百万石、美
　　山錦など、多くの種類がある。

りをかけた戦略展開として、一定の成果を収めてきたと評価できよう。他方、普通酒と本醸造酒の減少には歯止めがかかっておらず価格も低下していることからすると、大手酒造場の低コスト戦略は成功したとは言えないのではなかろうか。しかし、近年、大手酒造場も特定名称酒の製造に力を入れるようになっており、高品質化による差別化だけでなく大手ならではの低コスト化による低価格販売を行っている。例えば、大手酒造場の純米酒900mL は 800 〜 1,000 円程度で小売されており、中小酒造場の純米酒 720mL が概ね 1,000 円以上であるのに対して割安感を演出している。したがって、中小酒造場は単に純米酒や吟醸酒を作るだけで、大手酒造場との競合を回避することは困難となりつつある。酒造用米のこだわり、作り方のこだわり、さらには販売方法にもこだわりをもった酒造りと販売が求められるようになっていると言えよう。

　なお、酒造業界の財務上の特質として、①比較的業歴の長い企業が多く過去の蓄財により自己資本比率が高く、②環境変動への耐久性を有している、③販売管理費の効率は悪く収益力低迷の要因となっている、ことが指摘されている（（株）日本政策投資銀行地域企画部（2013））。

3．澄川酒造場の経営展開

1）地域概況

　㈱澄川酒造場の立地する萩市は、江戸時代には長州藩の城下町として栄え、幕末には明治維新を担った数多くの人材を輩出した。しかし、県庁が山口市に移った現在は武家屋敷、松下村塾、松陰神社などのある観光地ではあるが、産業としては窯業（萩焼）がある他は、農業と漁業以外にはみるべきものはない。さらに同社の本社屋・工場がある萩市小川地区は、島根県益田市にも近い萩市の東端に位置し、周囲を中国山地に囲まれた典型的な山間地域である。かつては農林業が主産業であったが現在は衰退し、過疎化と高齢化が進んでいる。交通の便は悪く、地区内にはバスが通っているが鉄道はないため、自家用車に依存せざるを得ない。なお、山口県の日本海側山間部では、梅雨末期の集中豪雨が度々発生しており、河川の氾濫、山からの土砂崩れなどにより人命を含めた被害を受けている。後述するように、こうした自然災害によって山間部の産業振興は大きく制約されている。

写真3−1 宜史氏と自宅

表３－２ 澄川酒造場と宜史氏の年表

年次	澄川酒造	宜史氏	醸造量
1921	澄川酒造場創業		
1973		誕生	
1998		東京農業大学卒業(3月)	
1998		澄川酒造場 入社(4月)	
1998		製造責任者 就任(10月)	300石
2007	代表取締役に宜史氏就任	代表取締役就任	
2013	集中豪雨で壊滅的被害		1,500石
2014	新蔵完成		
2014		山口県青年醸友会会長就任	
2018			2,500石

２）澄川酒造場の概況と経営展開

　澄川酒造場は 1921 年に澄川家によって創業され、現社長の宜史氏で４代目である。現在、資本金 1,000 万円、従業員 11 名（正社員 8 名、パート 3 名）、工場 3691.12㎡、年間醸造量 450kL である。

　宜史氏は澄川家の長男として生まれ地元の萩高校に進学した。高校卒業当時、地方の酒造業は斜陽産業となっており、杜氏も雇えない状態にはあったが、自分が家の跡を継がざるを得ないとの思いはあり、東京農業大学醸造学科に進んだ。在学中、幻の酒といわれていた清酒「十四代」を醸造している山形県の高木酒造㈱を訪れる機会を得た。高木酒造の蔵元・高木氏と先代の隆俊氏は交友があり、大学の先輩であったこともあり、高木氏の知遇を得ることとなった。高木氏から細かな技術的指導を受けたわけではないが、氏の酒造りに対する考え方と現場で奮闘する姿を感じとった。そして「普通酒は売れなくなっている、地方酒蔵がブランドを確立するには、高木酒造のようにいい原料でいい酒を造るしかない」との思いを固めたとのことである。高木酒造の現蔵元・高木顕統氏は、1990 年代前半、酸度が低く、爽快感のある軽い喉越しの「淡麗辛口」が全盛であった清酒業界において、蔵元杜氏として米の旨みを引き出し、香りが豊かで、後味もよい「芳醇旨口」の清酒「十四代」を製品化し大きな成功を収めた地方酒造業界のリーダー的な存在である。なお、醸造学科には家業を同じくする友人も数多くいたが、彼らとの交友は卒業後に改めて深まったとのことである。

　宜史氏は大学卒業後の 1998 年、直ちに自家に戻り就業した。当時、既に先代隆俊氏は主力商品を普通酒から付加価値の高い純米酒や吟醸酒など特定名称酒に移そうとしていた。しかし、従来主体であった地元酒販店への販路では、価格の安い普通酒が求められ、特定名称酒は売れなかった。そこで、高木酒造も取引しており、特定名称酒を積極的に小売りしていた東京の鈴傳、長谷川酒店などを通じた販路を開拓していった。こうして販売比率は、県内主体から県外 8 割に転換した。2007 年には、先代から経営を引き継ぎ、杜氏を兼ねた蔵元杜氏となった。ただし、しばらくの間は、経営者としてどう動こうか考えている余裕はなく、酒造りの現場に没頭していたとのことである。

この間、精米機などの機器を更新した他、醸造工程を見直し改善するなど酒質を高める努力を積み重ねた。こうした努力の甲斐があり、県外を主体とした全国に「東洋美人」のファンが広がっていき、特定名称酒の販売量は伸びていった。こうした販売量の伸びに対応するため醸造能力も徐々に高め2002年には年間216kLに達していた。

写真3－2 ボランティアが残した落書き

3）大水害からの復興と飛躍

ところが、2013年7月萩市東部は記録的な集中豪雨を受け、澄川酒造場前の道路を隔てて流れる田万川は氾濫した。濁流によって酒蔵は倒壊し酒造用機器は使用不可能となり、貯蔵していた清酒1万数千本が流されるという壊滅的な被害を受けた。このため一時は経営の存続は困難かとも思われた。

しかし、全国の酒造関係者やファン、災害ボランティアの延べ1,000名以上に上る復旧作業支援により、同年末には例年より遅れたが仕込みを再開することかできた。現在も社屋には当時のボランティア等の落書き（**写真3－2**）が残されている。

さらに、当面の復旧は果たしたが、このままでは経営の長期存続は不可能と考え、銀行から4億円を借り入れ、最新鋭の醸造機器を備え従来の最大2倍の能力を持つ3階建ての酒蔵を再建することとした。新設された酒蔵は、鉄骨造3階建で、3階に最新鋭のコンピュータ制御自動洗米浸漬装置、2階に麹室、1階が仕込み室という立体構造をとっており、酒造用米を3階へ一旦上げて洗米してから、2階に下ろして麹を作り、さらに1階に下ろして仕込むといった立体的な醸造工程をとることにより限られた敷地を有効に利用している。これにより以前の1.5倍以上の年間360kLを醸造し、年商約5億円を上げるまで

写真3－3 近代的な酒蔵と伝統的な自宅

に至っている。なお、洗米装置のほかにも、整蒸器、分割甑、冷却器などについても最新の機器に更新した。

この新酒蔵の建設は、単に酒蔵と機器を新しくしただけでなく、経験と勘による伝統技術を尊重しながら、これを最新の科学技術によって再現性のある近代的な技術体系へと高める契機ともなった。換言すれば、手作りの良さと機械化を組み合わせた製造工程といえよう。

こうして水害からの復興を果たした澄川酒造場は、早くも経営成果を上げている。水害の翌年2014年にはサッカーワールドカップの公認日本酒に選定され、航空会社の国際線で提供される日本酒ともなった。さらに、2016年には日ロ首脳会談ディナーにおいて「東洋美人　壱番纏」が採用された。

コンテストなどでの受賞については、**表3－3**のように**SAKE COMPETITION**[注3] 2012で生酛山廃部門1位から昨年のSAKE COMPETITION2018での純米吟醸部門1位までほぼ連年受賞してきている。これらの受賞歴は、酒質の高さがプロの目で評価されていることの証であろう。

表3－3 SAKE COMPETITION での主な受賞歴

	製品名	受賞部門	順位
2012年	東洋美人　山廃純米	生酛山廃部門	1
2013年	東洋美人　純米吟醸　611	純米吟醸部門	1
2014年	東洋美人　大吟醸　地帆紅	Free Style Under 5000部門	1
2015年	東洋美人　山廃吟醸	生酛山廃部門	1
2016年	東洋美人　純米吟醸　50	純米吟醸部門	3
2017年	―		
2018年	東洋美人　純米吟醸　一歩	純米吟醸部門	2

4．生産体制と経営管理

1）生産体制

澄川酒造の生産体制の特徴は、優れた伝統技術を継承するとともに、これを近代的な機器によって再現性の高く効率的な酒造りへと高めていることにある。先にも述べたが水害からの復興を遂げるために、3階建ての酒蔵を新築し、そのなかに近代的な酒造用機器を取り揃えた。その代表は、洗米・浸漬工程にはコンピュータ制御の洗米機を導入したことで、人手を要していた洗米作業の省力化だけでなく、ぬか落ちもよく、吸水むらもなくなり、酒質の向上にもつながっている。

製麹は、全量箱麹法によっているが、箱は手作りのものを使用し、箱を重ねることによ

注3：日本酒の品評会には様々なものがあるが、SAKE COMPETITIONは、市販日本酒のみを対象としていることが特徴であり、全国の技術指導者やその推薦で選出された蔵元、また、日本酒業界で活躍する有識者が審査に当たる。2019年は、総出品数1,919点という世界最大の品評会となった。

写真3－4 洗米装置

写真3－5 麹蓋（こうじぶた）

写真3－6 発酵タンク

写真3－7 圧ろ圧搾機

写真3－8 分析装置

り、炭酸ガスをこもらせるなどの細かな工夫もしている。さらに麹米は10kgずつに小分けにして製麹しており、それぞれ管理データをとって分析することを通じて、より再現性の高い管理方法を確立している。

　醸造方法は一般的な速醸造りで、醸造回数は4kLタンク18基で年10回醸造している。酵母は、蔵付きも使っているが、科学的な知見に基づいて、用途に応じて県試験場、協会の酵母を含めて使い分けている。また、酒質の安定化のため、上槽後、生酒は2日以内、火入酒は3日以内に製品化している。さらに、高品質を保った状態で清酒を顧客に提供するため、全商品について低温での瓶貯蔵をおこなっている。

　原料米調達については、山田錦、雄町、酒未来、播州愛山、西都の雫などの酒造好適米を調達し使用している。地元産の山田錦については農協を介した契約取引により地元の旧阿武郡内産を用いており、生産する農事組合法人とも提携関係を結んでいる。酒未来は、高木酒造の先代社長が長い歳月をかけて育成した酒造好適米品種である。さらに、萩市内産の山田錦については、市内の酒造場6社と生産している農事組合法人11組合が共同で精米場を立ち上げ、酒造用の精米を行っている。澄川酒造場も市内酒造場6社の1社として共同精米に参画している。

2）経営管理

　役員3名、従業員11名（うちパート3名）というスタッフ構成であるため、**図3－4**のようなラインとしての製造部とスタッフとしての総務室という非常にシンプルな組織機構をとっている。宜史氏は代表取締役社長として経営全般を統括するとともに、杜氏として製造全般を管理しており、一人二役の重責を果たしている。

　従業員については全員を通年雇用とし、誰もが製造から出荷まで全ての作業に携われる体制としている。小規模な企業であるため、従業員は各人が専門家であるとともに万能家でもあることが要請される。

　財務状態については、水害直後は損益計算書に当期純損失を計上する赤字状態であった。また、復旧・復興のため銀行から4億円を借り入れたため、貸借対照表上の長期借入金が

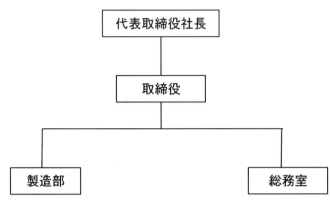

図3－4 澄川酒造場の組織

多くなり、財務状態は悪化した。しかし、翌2013年度には早くも売上高純利益率3.6%、2014年度には3.3%、2015年度には3.4%と着実に利益を上げてきた。これによって、長期借入資金の計画的な返済が可能となった。

5．販売体制の革新

1）製品戦略とブランド

　製品戦略の特徴は、まず蔵元杜氏の宜史氏が自分で納得できるうまい酒、良い酒であり、シーズ優先の製品コンセプトといえよう。**製品ライン**[注4]は「東洋美人」に統一され、年による変動はあるが近年は20アイテム前後が品揃えされている。また、特定名称から見ると、純米大吟醸、純米吟醸のアイテムが約9割を占めている。さらに山田錦、酒未来、雄町、播州愛山、西都の雫といった酒造好適米の違いによってもアイテムが特徴づけられている。このように純米大吟醸を主体とした高級酒の豊富な品揃を実現している。ただし、最近流行している低アルコール酒や発泡酒は製造しておらず、また、「ひやおろし」、「秋あがり」といった季節商品についても製品ラインを広げすぎないという方針から取り組んでいない。

　ブランドについては、マスターブランドは現在まで「東洋美人」一本であるが、水害直後、「東洋美人　原点　奇跡の新酒」

注4：製品ラインとは、ある製品カテゴリに属する、価格や品質、顧客層などの関連性が高い一連の製品アイテムの集合であり、「幅」と「深さ」の2次元の広がりを持つ。幅とは、日本酒というカテゴリにおいては原料や精米歩合、醸造の方法や季節商品などの広がりのことであり、特定のラインのなかの価格帯や量目によるアイテム数を深さと呼ぶ。製品戦略において、この製品ラインを拡張する手法をライン拡張と呼び、同一のブランド名のもとで新しい製品ラインを導入することを指す。当該ブランドが協力であれば効率的であるが、一方で、製品が乱立することにより、コンセプトやターゲットが類似した商品がカニバリゼーション（共食い）を起こす危険もある。

とサブブランドを付けた新製品を発売した。さらに、これに続く「東洋美人 ippo」とい
うサブブランドを付けた新製品を発売したが、その後「ippo」はシリーズ化された現在ま
でサブブランドとして継続している。サブブランドのうちフラッグシップは「東洋美人
壱番纏」である。なお、全体として小売店や飲食店が売りやすいようにブランドの維持に
は気を使っている。

2）価格戦略

　酒質の高い高級酒のイメージに合った高価格戦略をとっており、蔵出価格で平均4,000
円/1.8Lを下らないという。ネット上のいくつかの通販サイトを調べると、720mLが1,450
〜4,400円、1.8Lが2,500〜5,500円に設定にされている。高価格ではあるが、比較的
幅の狭い価格帯に絞り込んでいるのも特徴である。これは顧客から見ると、「東洋美人な
ら大体これくらいの価格で買える」という安心感を与える効果を狙っているのかもしれな
い。一般に高価格戦略は高所得者層をターゲットとした戦略で、多品種少量生産の業種で
よく用いられる。短期的な利益は追求できない一方、長期的に利益を持続しようとする戦
略であるが、現在の蔵出価格は、現状の工場設備、従業員数、原料、および醸造量の下で
採算性は十分とれ、経営としての持続性のある水準にあるという。

3）販売チャネル戦略

　販売チャネルは、県内外とも商品知識がある酒販店（小売店）への直卸が主体で、一部
を除き問屋は利用していない。主力商品を特定名称酒に切り替え始めた1998年頃、地元
ではこれら新商品の売れ行きは悪かった。高品質だが高価格の純米大吟醸、大吟醸は敬遠
されていたのである。そこで、当時から特定名称酒を積極的に小売りしていた東京の鈴傳、
長谷川酒店などの県外大都市の酒販店を通じて販路を開拓していった。このため水害直前
の地域別販売比率は、県内2割に対して県外8割と県外に販路の重点は移っていた。とこ
ろが、水害後に県内からボランティアの復旧支援を受けただけでなく、マスコミの報道も
手伝って酒の購入などの形でも支援を受けた。これが県内需要の復活につながった。それ
まで、澄川酒造場の清酒を飲んだことがなかった山口県民が復興支援ということで購入し
て飲んだことにより、その品質の良さを実感しリピーターとなった。この結果、現在、製
造量が約2倍に増えたにもかかわらず、販売チャネル構成は県内7割、県外3割へと逆転
した。

4）プロモーション戦略

　プロモーション活動について宜史氏には、「造り手が売りこみをかけると製品の価値は
かえって下がってしまう」との思いがあり、プロモーション活動は特に行っていない。し
かし、報道やイベントなどで取り上げられた際にはその情報を酒販店などに提供し、店頭
販促に活用して頂いている。例えば、全国各地の蔵元と酒販店によって結成された日本酒

の消費促進のための組織である「和醸和楽」にも参加し、首都圏などで開催されるイベントなどにも参加している。なお、会社としてはＳＮＳも利用していないが、顧客からＳＮＳで取り上げられるのは大歓迎としている。

5）輸出戦略

　澄川酒造場でも約10年以上前から香港、シンガポール、台湾、米国、韓国向けの輸出に取り組んでおり、製造数量の約2％を占めている。輸出先の5ヶ国ともに国内商社を経由した間接輸出であるが、実際の顧客は富裕層の利用する高級ホテルや日本食レストラン等となっている。また、2006年には、「東洋美人 純米大吟醸」が、日本航空の国際線ビジネスクラス全路線で機内提供酒に採用され、その後、2016年まで11年連続で採用されていた。

6．地元業界活動、地域社会との関係

1）業界活動

　地元酒造業界では、山口県青年醸友会の会長を務め、若手経営者、後継者の交流活動を通じて醸造技術や経営の向上に寄与している。また自社の酒造場に他社の後継者を受け入れ、技術と経営を研修させて親元に戻していくことに力を入れている。研修生の受け入れは、ライバルを育てることであるが、業界全体の振興のため積極的に取り組み、酒造業界の発展にも寄与している。宜史氏としては、地域や大学の先輩から受けたことを次世代に伝えていきたいという念からであるという。また、原料調達の項でも述べたように、地元萩市内産の山田錦の精米については、萩市内の酒造場6社、農事組合法人11組合で精米場を立ち上げ、酒造用の共同精米を運営している。

2）地域社会との関係

　先にも述べたように、地元旧阿武郡内で山田錦を稲作農家に生産していただき、農協を介して買い取っているが、酒造好適米の農事組合法人とその構成農家、流通を担っている農協、市役所などの行政との間に強固な連携関係を確立している。

　しかし、何よりも水害からの復旧、復興の過程において、元々の東洋美人ファン以外に県内の有名無名の方々からボランティアだけでなく物心両面で幅広い支援をうけたことが地域社会との絆をより強いものとしたようである。そうした中で、また新たに東洋美人のファンになっていただいた方もできたという。

７．将来展望

　澄川氏は、現在の清酒需要について「特定名称酒の需要は現在飽和状態にある。特に飲食店関係の需要は厳しいが、家庭需要は手堅い」と見ている。また、輸出については、「主力は日本食レストランの需要で、これは飽和状態ではないか」、「もしさらに需要を拡大したいなら、日本食レストラン以外の需要を開拓する必要がある」「日本酒なら何でもよいわけではなく、日本で売れるブランドを確立していないと海外でも売れない」と述べている。

　こうした日本酒と清酒業界を取り巻く状況の下での将来展望はいかなるものであろうか。復興後、一時は製造量3,000石（540kL）への規模拡大も構想していたようである。しかし、現在では酒蔵の規模の制約もあり、これ以上の規模拡大は考えておらず現状維持にしたいとしている。むしろ製造量を落としても経営が維持できるよう経営していくことを考えている。現状、蔵出価格は平均4,000円／1.8Lであるので、多少、製造量を減らしても十分耐えられると考えているようである。こうした現在の経営方針は「父から受け継いだ蔵を次代につなぐ」という言葉に集約されており、地域に根ざした地方の酒造業に相応しい、無理をしない持続性の高い酒造業経営を志向しているといえよう。

８．むすび

　最後に改めて㈱澄川酒造場の経営の特徴について再度まとめておこう。

　第一に、未曾有の大水害によって甚大な被害を受けながら、そこから復旧するだけでなく大きく復興を遂げていることである。地方特に山間部は自然災害を被る確率が高く、これが産業の維持・発展を阻害してきた。20世紀は気象災害が比較的少ない時期が続き、防災対策も充実していたため、この問題は克服されたかに見えたが、近年、地球環境の変動による気象災害の多発、また公共事業の縮小による防災施設の劣化により、再び山間部を中心とした地方は甚大な災害を被るようになっている。災害については、まずもって未然の防止、回避が望まれるが、やむを得ず罹災した時には、迅速な復旧とさらなる復興が課題となる。この点について、澄川酒造の取り組みは、参考になる点が多い。まず単なる復旧ではなく以前より事業拡大するという復興を掲げた点が現在の発展につながっているだろう。また、その過程で、地域社会との関係を再構築したことも指摘できる。例えば、被災前から進めていた普通酒から特定名称酒への製品戦略の転換を遂げる中で、ややもすれば薄くなっていた地域の顧客との関係が再構築され、より安定性の高い県内需要を地盤とした経営を営むことができるようになったといえよう。

　第二に、伝統的な酒造技術に立脚しながら、近代的な建屋とハイテクも取り入れた酒造機器を備えることにより、安定的で高品質の清酒を醸造できる製造システムを確立している。例えば、洗米・浸漬工程にはコンピュータ制御で原料米の状態などに応じた細かな制

御のできる自動洗米装置を導入することにより、ぬか落ちがよく、給水むらもなくなり酒質の向上と省力化が両立している。地方の小規模酒造業が生き残るには、こだわりの原料と技術向上により大手や準大手の酒造メーカーに引けを取らない酒質に高めていくことが不可欠である。ただし、その場合、手作業の職人技だけに依存することは、過疎化と高齢化により伝統的な季節就業の杜氏・蔵人がいなくなっていることから、今後は不可能である。したがって、経営の持続性という観点からも伝統技術に科学的な知見と機械を取り入れた近代的な製造技術への転換が必要と言えよう。

　第三に、主原料である酒造好適米の安定調達チャネルを確立していることである。特に酒造好適米のうち山田錦については、地域の農事組合法人との契約栽培により、高品質米を安定的に調達できるようになっている。これによって、酒造好適米を安定的に調達できるだけでなく、酒質を向上するとともに、マーケティングの観点からすると地元産の酒造好適米の使用を訴求することができるようになっている。

　第四に、地方酒造場の高級酒に適したマーケティング戦略をとっていることである。まず、製品戦略については、製品ラインを原料や醸造法にこだわった高品質な高級酒に絞っており、価格戦略もこれに応じた高価格戦略をとっている。また販売チャネル戦略についても、高級酒がそれに見合った高価格で販売できるように商品説明能力のある酒販店への直卸を主体としている。さらに、プロモーションについては、自らは積極的なメッセージは発しないが、PRの活用や顧客の口コミにより、東洋美人が酒造好適米を使い丁寧に醸造された高品質な高級酒であることをターゲットの潜在的な顧客に浸透させる方策をとっている。

　第五に、酒造業界と地域社会への社会的責任を果たしていることである。地域の酒造業界に対しては、業界団体役員を引き受けているだけでなく、共同精米の立ち上げと運営、他社の後継者の研修の受け入れなど、業界の振興に大きな寄与をなしている。また、地域社会に対しては、酒造好適米の調達を通じて地域の農事組合法人その構成農家とも提携関係を構築しており、地域農業の維持発展にも寄与している。地方それも山間部では、過疎化と高齢化により地域社会は弱体化しつつあり、これを自然災害の甚大化が追い打ちをかけている。こうした状況の下で、地域と住民が生き残りを図るには、自治体や国の支援だけでなく、集落間の垣根と農業と商工業といった産業間の垣根を越えて、住民や企業が直接的に連携することが不可欠となりつつある。その場合、酒造業の主原料は地域で穫れる米であり、製品は地域住民の伝統的なアルコール飲料であることから、連携関係の結節点として大きな役割を果たせる位置にあるといえよう。

＜課題１：清酒だけでなく酒類全体に対する需要が減少している理由について説明しなさい。＞

＜課題 2：澄川酒造場の経営戦略は、高級酒にターゲットを絞った差別化・集中戦略として特徴づけられるが、地方の中小酒造場は他の戦略（低コスト化戦略、低コスト化・集中戦略）はとれるのか否か理由も含めて説明しなさい。＞

【参考情報】東京農大経営者大賞受賞記念講演要旨　澄川宜史氏

　ただ今ご紹介いただきました山口県萩市で「東洋美人」という日本酒の製造販売をいたしております株式会社澄川酒造場の代表取締役を務めさせていただいております澄川宜史と申します。

　本日は、東京農大経営者大賞という、私にとっては身分不相応の賞をいただき、心より感謝申し上げます。また同時に、身の引き締まる思いでいっぱいでございます。

　まず自己紹介と会社紹介をさせていただきまして、次に私がどういう気持ちでお酒造りに向き合っているか、そして最後に、私の人生の分岐点にもなりました平成 25 年 7 月の集中豪雨による水害について、お話をさせていただければなと思っております。

　私は、山口県萩市、萩市と申しましても、車で 2 分走れば島根県という、山口県と島根県の県境に生まれました。平成 4 年 3 月、山口県立萩高等学校を卒業し、平成 10 年 3 月に東京農業大学 農学部醸造学科を卒業させていただきました。平成 10 年 4 月に、実家であります株式会社 澄川酒造場に入社し、平成 19 年、代表取締役に就任いたしております。社外では、平成 26 年 6 月より、山口県の青年醸友会、これは県単位の酒造メーカーが集まる青年部みたいなものなのですが、そこの会長を務めさせていただき、今に至っております。

　私ども澄川酒造場がございます萩市は山口県の北部に位置しまして、前方には日本海、後方と左右は中国山脈に囲まれたのどかな田舎の町でございますが、長州藩の拠点として栄え、吉田松陰先生などの偉人を数多く輩出している地として知られているところでもございます。

　会社に起きました大きな出来事といたしましては、先ほど申しましたが、平成 25 年 7 月に、萩市東部集中豪雨災害によって壊滅的な被害を受けたことであります。しかし、その年 12 月には、酒造りを再開させていただいたことというのも私の会社の歴史の一齣でございます。

　また、平成 26 年 12 月に約 2,000 石、2,000 石というのは酒屋の単位なのですけど、1 石が 100 本ですので、1 升瓶で約 20 万本製造可能な新蔵を完成させました。

　組織としましては、経営者大賞をいただきながら大変恐縮なのですが、ほんとに家業である小さな酒蔵でございまして、私が社長として酒造りの現場に立ち、また、販売流通の現場にも立つという、ほんとにシンプルな組織構成になっております。

　次に、ここ 3 年間の生産数量なりを少しご紹介させていただきます。平成 26 年度、生産数量が 1 升瓶換算で約 14 万 3,000 本、売上は約 3 億 3,000 万円、平成 27 年度、生産

本数が約 18 万 7,000 本、売上は約 4 億 2,000 万円、平成 28 年度は今期 9 月末の決算で、生産本数が約 20 万本、売上は約 6 億 1,000 万円でございました。

　売上高を従業員人数で単純に割った 1 人当たりの売上高は、日本の酒蔵の中でも規模を問わずトップの位置にいるのではないかと思っております。

　また、経営理念というほどではありませんけれども、伝統製法を重んじ、何事も奇をてらわず、王道の酒造りを実践し、酒質、品質の向上に努めることを哲学として事業を営んでおります。

　先ほど何度も申しますが、平成 25 年 7 月 28 日に発生しました集中豪雨で、弊社は社屋、自宅、および機械設備すべてを失ってしまいました。

　そのため、復興に際しては、将来を見据え、手造りがすべて良いというわけではないので、機械が人間の手より勝ると思われる部分には最新鋭の設備投資を積極的に行いました。

　特に人手が必要とされる洗米をはじめとした原料処理の部署に関しては、最新鋭の装置を導入しました。その結果、酒質、品質の向上はもとより、労力の省力化を実現することができたのではないかと思っております。

　また、最新鋭の設備を導入することにより、これまで人間の研ぎ澄まされた五感にだけに因っていたところを、最新鋭の機械と人間の五感の融合によって、繊細な酒造りを支える技術力というか特徴ができたと考えております。そうすることにより、今こうして「東洋美人」というお酒を知ってもらえるようになったというふうに自負いたしております。

　また、日本酒というものは非常に繊細なアルコール飲料ですので、出来上がった後、3 日以内に製品化、また、全量の低温、すなわち 0 度以下の冷蔵庫内での管理を徹底しております。

　流通面におきましては日本酒専門店様との直取引を主としまして、お客様の手に渡るまで品質管理を徹底させておるところでございます。

　卒業して約 20 年を経過しておりますけれども、こうしてやってこられた理由としては、どういう状況であれ、時代に流されず、酒質、品質の向上に努めたことだと考えております。また、酒造りの現場第一の姿勢を今まで続けてきたことも、生き残ってこられた要因ではないかなと思っております。

　また、現在の酒造業界で最高の技術を持たれているといわれます、昨年度、経営者大賞を受賞されました「十四代」というお酒を醸されておられます高木酒造の高木社長様に弟子として従事させていただいたことが、技術面での大きな力になっていると思います。

　これからの展望といたしましては、約 5 年スパンで将来を見据えた積極的な設備投資をして、当面は約 3,000 石の製造、1 升瓶換算で約 30 万本の販売を目指して事業を進めてまいりたいと思っております。

　集中豪雨によりまして壊滅的な打撃を受けましたので、財務は必ずしも順調ではありませんけれども、25 年度、26 年度、27 年度と着実に利益を上げることにより、財務の健全化を進めていければなと思っております。

　また、我々の業界の横のつながりは、温かいつながりがございまして、私は現在、青年醸友会会長というものを務めさせていただいております。

　このような栄えある賞をいただき、ようやく皆様方に注目していただける醸造家の端くれになったばかりですけれども、造り手の一人として社会的責任を果たしていく所存であります。つまり低迷するこの業界の復興のために、同業他社の後継者様、また経営者様を積極的に弊社に受け入れ、技術的な面はもちろん、経営面でのアドバイスを行っております。このようにして業界全体でレベルアップを目指していければなと思っております。

　大きな自然災害により被害を受けましたけれども、自分たちだけではなく、関係する人々みんなが発展をしていくことが、幸せの原点だと思いますし、業界のさらなる発展にもつながるのではないかなと思っております。

　次に、私自身どういう気持ちでお酒造りに携わっているかというお話を少しさせていただこうかと思っております。大きく分けまして五つのことを心がけて、お酒造りをしております。

　一つ目、これには語弊のある表現かもしれませんが、「酒造りにロマンは必要ない」というふうに思っております。「酒造りの現場というのは、物理、化学、生物、数学だけの問題だ」というつもりで酒造りに取り組んでおります。本日お集まりの皆様方のなかには醸造を勉強される学生の方もいらっしゃいますでしょう。酒が発酵する音は、プチプチしていて確かに神秘的なのです。しかし、神秘的だという言葉だけで表現してしまうのは、化学、物理、生物、数学によって説明できないために過ぎないからだと思います。人間の口に入るものを造らせていただいていますので、そこに何が存在するかということを解明していくのが、造り手にとって必要なことではないかと思っております。このように申すと、酒造りにはロマンやストーリー必要ないと断言しているように聞こえるかもしれませんが、日本酒が、より魅力ある商品として流通するためには、やはり、ストーリーやロマンが必要だと思います。ロマンを語ってもらえるような人でなくちゃいけない、会社でなくちゃいけない、男でなくちゃいけないと常々考えております。

　二つ目としては、「技術力の欠如や人間力の欠如を個性とは言わない」ことだなと思っております。よくできているものには理由が必ずある、また、よくできてないものにも理由があると思います。私は欠点のある日本酒を商品の個性と言うべきではないと思っております。人間に置き換えましても欠点を個性と言われないように、一人の造り手として人間を磨き続けていかなければいけないなと常に心がけております。また、個性とは偶然の産物ではなく、日々の鍛錬からなる、根拠あるものでなくてはならないと思っております。

　三つ目としては、「すべては結果からの逆算でなければ成し得ない」と考えております。日本酒というものは人間の口に入れていただくものですから、「こういうものができました」ではなく「こういうものを造りました」でなくてはならないと思っております。後から「あそこをもう少しこうしておけばよかった」とかいうことがあってはいけないと考えております。当たり前ですけれども、健全なアルコール飲料としての成功とは失敗しない

ことだと思います。失敗、マイナスの要因を排除していくことの積み重ねでしか成功はあり得ないし、あらゆる起き得る事態を想定して準備をしておき、いざというとき実践することが、失敗をなくす一番の近道になるのではないかなと思います。結果のために何をするか、何をしなければいけないのか、常に考えながら酒造りに向き合っております。

　四つ目としては、「環境を言い訳にはしない」ということであります。私に求められるのは、おいしい「東洋美人」でありますので、設備がないとか、人が少ないとか、そういう環境のせいにはしないということです。求められるのは、おいしい「東洋美人」だということを常々、自分自身に言い聞かせるようにしております。

　最後に五つ目ですが、現状維持は衰退の始まりだということです。リスクを負わなければ成功も成長もないという強い気持ちを持つようにしております。現状に満足することなく、常に不安と恐怖心でいっぱいなのですけれども、よりいいものを造りたい、造り出すにはどうすればいいのか、常に考えるよう自分に言い聞かせていますし、社員とも共有しておるところでございます。

　先ほどの四つ目の「環境を言い訳にしない」ということを常々考えていると言いましたが、これについて平成25年の7月28日に弊社が水害を受けた時の話を最後にさせていただければと思います。この水害により2メートル強か3メートル弱の濁流に飲み込まれ、社屋、同じ敷地内にある自宅は壊滅的な被害を受けました。酒造りはおろか、日常生活もままならない日々で、川で水浴びをして神社に寝泊まりをする状態が約1週間強続きました。このとき、山口県内はもとより、北は北海道、南は鹿児島から、延べ約2,000人を超える同業の仲間の皆様、また、お客様、ボランティアの皆様が駆けつけて、炎天下の中で復旧作業をお手伝いいただきました。

　あれから4年が過ぎましたが、まだまだ災害の爪痕は、弊社を含め至る所に残っております。水害の年、酒造りを再開させていただき、12月初めてできた日本酒に、皆様方に酒造りの土俵に戻していただいたという感謝の気持ちを胸に刻み、ゼロからのスタートを始めるという思いで「東洋美人 原点」という名前を付けリリースさせていただきました。また、それから2年後の4月、0から1、原点から一歩を踏み出す、急がず一歩一歩、前を向いて歩むという思いで、「東洋美人 ippo」と名付け、日々、お酒造りと向き合っております。

　平成25年の水害を境に、私の心にも少し以前と違う変化が生まれてきました。語弊はありますけれども、あきらめることの大切さということに気づかされたというか、気づかしてもらいました。それまでは、人間はどんなときでも前向きな気持ちで、前向きな行動を続けていければ、いつか活路は見いだせるし、人間としていつか成長できる、一歩前に進めると信じて生きてきました。しかし、4年前の水害では、物も気持ちも退いてからしか前に一歩も進んでいけないような状況でございました。元には戻らない、絶対に戻らないという状況を理解すると、今までは前向きな行動、前向きな気持ちでしか前に進めなかったのが、あきらめる気持ちの大切さということを経験できたということが、家業ではあり

ますけれども、経営者として少し強くなれたかなと思っております。

　水害によって被害を受けた暗いお話ではございましたけれども、日本酒というのは本来、楽しいアルコール飲料でありたいと常に私は思っておりますし、人と人をつなぐ、本当に最高のアルコール飲料だという思いもございます。

　これからも、東京農業大学の卒業生であるという責任と誇りを持って、酒造りの現場、酒造りの畑で、酒造りに邁進していきたいと思っております。本日は本当にありがとうございました。

【参考文献・ウェブページ】

［1］ 太田原ゼミ 5 期生 1 班（2012）,日本酒企業の類型分析から見る企業動向
　　　https://doshishaotahara.jimdo.com/%E7%A0%94%E7%A9%B6%E6%88%90%E6%9E%9C/
［2］ 梶本武志（2014 年）,清酒に関する政策の展開と酒造業の活性化政策：京都市酒造業を事例に,龍谷大学大学院政策学研究（3）, 19,pp.19-28.
［3］ 国税庁（2019 年）酒レポート,2019/11/19 ダウンロード
　　　https://www.nta.go.jp/taxes/sake/shiori-gaikyo/shiori/2019/pdf/000.pdf
［4］（株）日本政策投資銀行地域企画部（2013 年）清酒業界の現状と成長戦略〜「國酒」の未来〜,

第4章

伝統技術と現代技術の融合による自社技術の開発、経営管理の改善、ステークホルダーとの確かな信頼関係を軸に造園ビジネスを確立

－株式会社大場造園代表取締役会長　大場淳一氏の挑戦－

山田 崇裕・大野 友楓・舛舘 美月

1．はじめに

　読者の皆さんは「造園」と聞いてどのようなイメージを持つだろうか。身近な庭園や公園などの緑空間における芝生や花壇、または植木を想像する人が多いのではないだろうか。しかし、造園の範囲は庭園や公園のみならず、国立公園や自然公園といった広大なものから、テーマパーク、住宅地、街路樹等身近なものまで幅広い。また、造園の目的も自然環境の保全から、景観維持、人間や動物の保健まで多岐に渡る。こうした造園空間を設計、監督、施工する業種が造園業である。わが国における造園業の歴史は古く、飛鳥時代まで遡る。それから現在に至るまで、造園業は先人の伝統技術を伝承しつつ、形態を変えながら発展してきた。

　本章でケースとして取り上げる株式会社大場造園（以後、大場造園と略記）は、東京都杉並区を拠点に公共事業と民間事業における造園施工工事および管理業務を基軸に、多角化事業を展開する造園会社である。代表取締役会長の大場淳一氏（以後、大場氏と略記）は、少年時代より先代の父と会社の植木職人の背中を追い技術を磨き続け、東京農業大学造園学科卒業と同時に入社し、若手ながら大場造園の経営管理体制を積極的に改革、後に東京都を代表する優良造園会社に成長させた。その根本には、技術・技能伝承の大切さを認識しながらも、就労環境と事業固定化による不安定な収益構造に疑問を持ち続けた大場氏の強い問題意識があった。

　本章では、著しく変化する造園業界の特徴を整理した上で、経営者として大場氏が取り組んできた経営管理の改善方法、事業多角化と新技術の導入の実践内容を明らかにし、経営の成功要因を考察していきたい。

2．造園業の概要と現段階

1）日本における造園業の展開

　日本における「造園」という言葉は、明治時代以降に Landscape Architecture の和訳として適用された言葉とされているが、古くから存在する庭園や作庭に限らず、今日に至るまでその範囲や業務の多様化が進み、明確な定義は存在しない。大辞林によれば、造園とは「庭園・公園などを造ること。広く都市の道路や広場などを含み、自然との調和を図りながら、快適な生活環境・景観を創造するための計画をいう。」と示されている。

　以下、わが国の造園史の一端を粟野（2019）[2)]、入江・ほか（2017）[11)] に依拠して整理する。わが国における造園の歴史は古く、飛鳥時代に宮中を中心に行われていた作庭に端を発する。室町時代になると、**枯山水**[注1]に代表されるように、水を使わずに石や砂利で河川や海洋風景を表現した庭園も誕生した。作庭は室町時代以降に武士社会にまで普及

注 1：室町時代の禅院の作庭様式の一つであり、水を用いずに砂と石で山水自然の生命を表現することを特色としている。龍安寺石庭や大徳寺大仙院庭園等がある。

し、江戸時代に財政が豊かな大名や貴族らによって大庭園が築造されるようになった。また、植木業として作庭に携わる植木師が登場するのは安土桃山時代の近畿地方と言われており、後に江戸に伝わることになる。

　江戸時代になると、園芸は江戸市中の庶民生活にも広く浸透し、また、武家屋敷にも庭園が増築されていった。こうした状況下において、江戸の内外では**著名な植木屋**[注2]が誕生し、彼らによって育種や栽培等の技術研究がなされた。職業としての植木屋は江戸時代に確立したとされている。大庭園に関しては、園池・築山・流れ・茶屋などを配置して巡り庭園の光景が変化するのを楽しむ回遊式庭園も造営されるようになった。また、8 代将軍の徳川吉宗は、享保の改革下における民心把握策として品川御殿山、隅田川堤、飛鳥山、中野に遊園を造成し、行楽地の空間整備に力を注いだ。

　明治時代に入り新政府が誕生すると江戸から武家が国元に引き上げ、多くの武家屋敷は空き家・空き地となり、江戸で繁栄した作庭は衰退した。1873 年には、日本初の公園制度である「太政官布達第 16 号」が公布され、東京では芝公園、上野公園、深川公園、浅草公園、飛鳥山公園が開設され公園として定められた。これら 5 公園の整備向上を図ることを目的に植木屋が土木造園の工事に携わるようになった。1888 年には「東京市区改正条例」が公布され、以降、公園は都市計画に位置付けられるとともに衛生、防火用避難地としての機能が期待された。

　1954 年には 28 社の造園業者により「東都造園建設工業組合」が組織され、植木屋という育種中心の業務から工事技術を伴う造園業へと転換していく。1959 年に開催された東京オリンピックは、明治公園、駒沢公園の施設整備、首都圏主要道路の拡幅・街路整備において、大規模造園事業が発生した。急ピッチで施工が行われるため、工事形態はそれまでの手仕事からクレーン、バックホー等大型機械を活用した合理的造園建設技術が確立された。また、施工直後に即完成形とする「密植」と呼ばれる概念も生まれた。加えて、当初、公共造園の施設工事は土木業者への発注だったが、オリンピック関連工事が大量に事業化したことで、舗装・遊具・橋などの施設工事も造園の範疇となった。粟野（2018）は、このオリンピック関連施設の整備事業が、庭師たる職人を急速に施工技術者に仕立てたと指摘している。高度経済成長期には民間においても植木発注ならびに個人・集合住宅、商業施設における庭園整備も進み、造園業界は大きく発展した。

　1960 年、日本におけるランドスケープデザインの確立の契機として、世界デザイン会議が開催された。1965 年には「一般社団法人日本造園緑地組合連合会」や「造園設計事務所連合（後に一般社団法人ランドスケープコンサルタンツ協会）」など造園組織が設立され、次いで、造園業の普及に向けて業法の改正や造園施工管理技士制度の資格整備が行われた。

　都市地域の緑の保全・創出に関する初の法定計画として 1994 年に「**緑の基本計画**」[注3]

注 2：例えば、『花壇地錦抄（1695）』などを出版した江戸の伊藤伊兵衛がいる。
注 3：1994 年の都市緑化法改正に伴う創設された、「緑地の保全及び緑化の推進に関する基本計画（第 4 条）」の通称である。
　　　地方自治体が、緑地の保全や緑化の推進に関して、将来像、目標、施策等を定める基本計画。

制度が創設された。また、1995 年の阪神淡路大震災を契機として、まちづくり事業への国民の参加意識の向上がみられ、「**市民緑地制度**[注4]」や「**緑地管理機構制度**[注5]」が創設される。2001 年には**ヒートアイランド現象**[注6]の緩和効果や潤いある都市空間形成などの観点から、東京都で一定基準以上の敷地における新築・増改築の建物上及び敷地内の緑化が義務付けられ、**屋上緑化**[注7]や**壁面緑化**[注8]が推進されるようになった。

　このように、日本における造園は作庭に始まり、緑のまちづくり事業にまで範囲が広がっている。

2）日本における造園業の現状

　造園業は、造園空間を設計、監督、施工する業種を指す。具体的には、造園工事業として「**建設業法**[注9]」に規定された建設業の一業種であり、500 万円以上の造園工事を請け負う企業を営業するためには、国土交通大臣または都道府県知事に届け出て許可を得ることが必要とされ、国家資格となる**造園施工管理技士**[注10]または**造園技能士**[注11]の資格を有する技術者がいることが要件となっている。造園工事業は、日本標準産業分類において建設業（大分類）の中の総合工事業（中分類）に属する土木工事業（小分類）の「造園工事業」（細分類）として位置付けられている。造園工事業の内容は、「整地、樹木の植栽、景石のすえ付け等により庭園、公園、緑地等の苑地を築造する工事」とされ、その工事領域には「植栽工事、地被工事、景石工事、地ごしらえ工事、公園設備工事、広場工事、園路工事、水景工事、屋上等緑化工事」が挙げられる。現在では、造園工事業の領域拡大により、造園施工管理技士と造園技能士以外にも様々な資格が存在する（**表 4 − 1**）。造園工事業は、許可業者数は、2010 年に 3 万事業者を超えていたが、その後は減少傾向にある（**図 4 − 1**）。

　企業規模別で見ると、資本金 300 万円以上 5,000 万円未満の事業者が多くを占めてい

注4：都市緑地法に基づき、土地所有者と地方自治体が契約を結び、市民に公開し、利用に供することができる緑地等を設置・管理する制度。所有者は、一定の条件を満たせば、管理上の負担軽減、税制上の優遇措置を受けることが可能となる。

注5：民間団体や市民による自発的な緑地の保全、緑化の一層の推進等を図ることを目的に制度化されたもの。都緑地法第 68 条の規定により、緑地整備・管理に対し一定の能力を有するものとして、公益法人の指定を受けることができる。緑地管理機構としては、「公益財団法人東京都公園協会」や「一般財団法人世田谷トラストまちづくり」等がある。

注6：主に都市中心部の気温が郊外に比べて島状に高くなる現象であり、地表面の人工化や人口排熱の増加等が原因となり引き起こされるとされる。同現象により熱中症などの健康被害や、集中豪雨の増加、生態系への影響等が懸念されている。

注7：建築物の断熱性や景観の向上などを目的として、屋根や屋上に植物を植え緑化することである。東京都では 2001 年より、『東京における自然の保護と回復に関する条例』（第 14 条）において、一定基準以上の敷地における新築・増改築の建物に対し、建築物上を含む敷地内の屋上緑化を義務付けている。

注8：屋上緑化と同様の目的で、建物の外壁を緑化することである。

注9：建設業を営む者の資質の向上、建設工事の請負契約の適正化等を図ることによって、建設工事の適正な施工を確保し、発注者を保護するとともに、建設業の健全な発達を促進し、もって公共の福祉の増進に寄与することを目に、1949 年に制定された。

注10：建設業法に基づき、造園工事に従事している施工管理技術者の技術向上を図ることを目的に、造園工事に従事している者、しようとしている者について行われる技術検定の合格者に与えられる称号である（1 級と 2 級がある）。建設業法に定められた造園工事業に関わる建設業の許可を受けるために営業書ごとに置かなければならない専任技術者になることができる。また，工事の請負施工に際して工事現場ごとに置かなければならない主任技術者になることが認められている。

注11：厚生労働省が職業能力開発促進法に基づいて働く人々の技能と地位の向上を図り、産業の発展に寄与していくために実施されている技能検定制度による 137 種類に関する資格の 1 つである。造園技能士の仕事は、技術者の支持を受けて、直接樹木の植栽や、石の組上げ等に関わることとなり、造園工事の出来映えに大きな影響を持つ。

る。一方、個人事業として資本金を持たない事業所も多いことがわかる。造園工事業は、街路樹の剪定など、建設業の中では比較的小規模の工事が多いことも特徴である。このため、職人の独立開業など小規模で開業しやすい事業であるとも言えよう（**表4−2**）。

図4−2は、建設業全体と造園工事業の就業者数の推移を示したものである。造園工事業の就業者数は、2012年度と2016年度を除き年々急減しており、2017年度には30,000人を下回っている。造園工事業において就業者の減少幅は、建設業全体の就業者数の減少幅より大きくなっている。

図4−3は、造園工事業の完成工事高の推移を示したものである。2005年度の完成工事高7,755億円から、毎年増減を繰り返し、2014年度より減少傾向にある。2017年度の完成工事高は4,023億円となっている。**元請・下請**[注12][注13]工事高の推移をみると、2005年度には4,221億円あった元請工事高は減少傾向が続き、2017年度には1,826億円と2005年度の43%になっている。

表4−1 造園業に関する各種資格

基盤となる資格 （国家資格）	基盤技術向上の資格	基盤技術展開の資格
造園施工管理技士	植栽基盤診断士	造園修景士
造園技能士	登録造園基幹技能者	園芸装飾技能士
土木施工管理技士	街路樹剪定士	フラワー装飾技能士
	公園管理運営士	ビオトープ管理士
	樹木医	農薬管理指導士
	技術士	環境カウンセラー
	登録ランドスケープ アーキテクト	

出所：一般社団法人日本造園建設業協会（2018）より引用

図4−1 造園工事業の許可業者数の推移

出所：国土交通省（2017）：『建設業許可業者数の調査の結果について−建設業許可業者の現況』基に作成

注12：発注者（注文主）から直接仕事を引き受けること。またはその業者を指す。
注13：ある人や会社などが引き受けた仕事の全部または一部を、さらに引き受けること。またはその業者を指す。

表４－２ 資本金階層別の造園工事業許可事業者数

階層	業者数		階層	業者数	
	2015年	2018年		2015年	2018年
個人	3,417	2,952	2,000万円以上5,000万円未満	8,535	8,151
200万円未満	268	376	5,000万円以上1億円未満	1,423	1,356
200万円以上300万円未満	75	107	1億円以上3億円未満	348	328
300万円以上500万円未満	3,766	3,560	3億円以上10億円未満	154	141
500万円以上1,000万円未満	3,341	3,450	10億円以上100億円未満	120	112
1,000万円以上2,000万円未満	5,354	4,943	100億円以上	57	51

出所：国土交通省『業種別資本金階層別業者数（一般建設業・特定建設業）』を基に作成

注：各年3月末の数値である。

図４－２ 建設業全体と造園工事業における就業者数の推移（2008 ～ 2017 年度）

出所：国土交通省『建設工事施工統計調査報告書』を基に作成

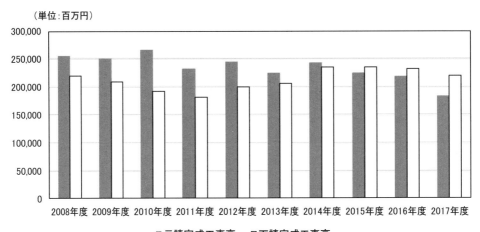

図４－３ 造園工事業における元請工事高と下請工事高の推移（2008 ～ 2017 年度）

出所：国土交通省『建設工事施工統計調査報告書』を基に作成

　昨今では、都市環境や地球環境の改善、公園緑地の整備を通じた防災・避難の観点からも、Park-PFI や公園の指定管理といった造園、緑化の川上・川下にあたる企画、設計、運営など、造園工事業の事業領域の拡大と技術の活用が求められている。また、造園工事においても「建設技能労働者不足」に直面しており、技術や技能に優れた施工管理者及び現場作業員の確保・育成が喫緊の課題となっている。「一般社団法人日本造園建設業協会」では、女性活躍促進部会及び全国造園フェスティバルなどの取組が実施されており、新規入職者の確保・育成や、年齢、性別を問わず働きやすい労働環境を整えることが、今後の造園業の発展に不可欠である[9]。

３．株式会社大場造園の経営展開

１）地域の概要

　大場造園の本社は、東京都杉並区南部の永福町に位置する。東京都杉並区は、世田谷区、渋谷区、中野区、練馬区、武蔵野市、三鷹市と隣接し、東京都 23 区の西端にある。地形は区全体がなだらかな高台となっている（**図４−４**）。江戸時代には、江戸近郊の農村地帯として水田、畑地が広がり、江戸市民への食料供給基地となっていた。また、五街道の１つである甲州道中（甲州街道）が整備され、現在の上高井戸、下高井戸には高井戸宿と呼ばれる宿場が設けられたことで、人や物資の往来が盛んな地域であった。また、江戸時代の初期から徐々に人口が増加したことで、多摩川を水源とする全長 43km に渡る玉川上水が整備され、現在に至るまで市民の生活や地域の産業を支えてきた。その後、1932年（昭和７年）に東京の市域拡張によって、杉並町、高井戸町、井荻町、和田堀内町の４町が合併し、東京市杉並区が発足され、次いで 1943 年（昭和 18 年）の東京都制施行に伴い東京都杉並区が誕生した。

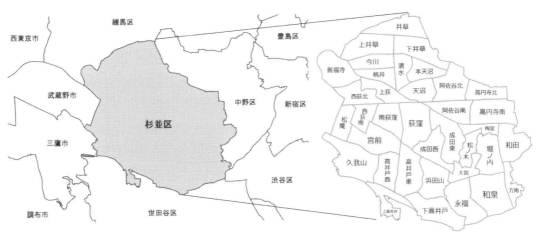

図４−４ 大場造園本社が所在する東京都杉並区の位置

出所：「ZenTech 無料白地図」および「みんなの行政地図」（東京都杉並区）を元に作成

写真 4 - 1　創業者の大場昭氏（左）と日本武道館前で移植作業を行う大場植木（右）

出所：株式会社大場造園提供

　戦後、日本は高度経済成長をむかえ、急激な人口集中が進行し、杉並区は宅地開発とインフラ整備が図られた。とりわけ交通分野においては、JR 線、京王電鉄、西武鉄道、東京メトロ各路線の 18 駅が区内に存在し、これらの駅を発着点とする計 5 社約 60 系統のバス路線網が構築している。また、区内には中央自動車道、首都高速 4 号線、国道 20 号甲州街道をはじめ、青梅街道、環七通り、環八通り、早稲田通り等都道 16 路線、住宅街の無数の生活道路が走っている。また、杉並区の面積は 2018 年現在で 34.06km^2 と 23 区中 8 番目で、人口は同年 12 月現在で 569,344 人（男 273,142 人、女 296,202 人、世帯数 321,762）と 1997 年より増加傾向にある。

2）株式会社大場造園の経営展開と大場淳一氏のあゆみ

　大場造園の経営史と代表取締役会長の大場氏の経歴を**表 4 - 3**に示した。

　創業者の大場昭氏（淳一氏の父、以後、昭氏と略記）は、1931 年に東京都杉並区にて植木の養生をしていた農家のもとに 7 名兄弟の 4 男末っ子として生まれた。旧制中学を卒業後、昭氏は約 20a の農地で植木の養成をし、露店等で植木販売を行っていた。しかし、植木養成、販売のみでは安定した収益が得られず生活も徐々に苦しくなったため、造園技術を磨くことを決心した。昭氏は、東京都内の造園界の第一人者であった春日造園の**春日時太郎**[注14]氏の下で親方をしていた近藤仁三郎氏に師事した。100 名の職人を有する春日造園に入社し、大型樹木を移植したり、味の素迎賓館をはじめ山手線内や近郊地域の住宅地等で手入れ技術を身に着けた。1954 年に昭氏は結婚と同時に独立し、大場植木を創業する。昭氏は修行の成果を発揮し、各種庭園の造成や管理を主幹事業としながら、着実な歩みを進めた。そして日本は戦後の高度経済成長期を迎え、東京は 1964 年のオリンピック開催にむけて都市開発が急速に進められる。好景気のなか、造園業界においても植木販売や公共分野における大型樹木の移植が盛んに行われた当時、大場植木は昭氏が培った大型樹木の移植技術を活かし、元請けの大手造園会社の下請けとして、公共分野を中心とする

注 14：日本の造園家であり、主に東京都内で多くの造園作品を残した。明治神宮御造営や大正天皇行幸記念館の施工に携わった。

大規模造園工事を受注した。当時、東京都内で大型クレーンを用いた大型樹木の移植技術を有する会社は数少なく、大場植木の受注量は急増し、やがて売上も大きく増加していった。こうして大場植木は、法人化にむけた礎を築いたのである（**写真４−１**）。

昭氏は、独立から 17 年後の 1971 年に有限会社大場造園を設立した。有限会社設立後も東京植木や富士植木（現：株式会社富士植木）といった大手造園会社の下請けとして公共分野の工事に参画し、会社は順調に成長していった。ここで昭氏が下積み時代よりお世話になっていた大手造園会社の社長より、次世代への経営継承を見据えて会社を株式会社に変更するとともに、元請けを担うよう助

写真４−２ 入社時の大場淳一氏

出所：株式会社大場造園提供

言を受けた。公共工事を元請けが受注し、下請けに仕事が回ってくるのは９月〜３月末の年度末工事に限られ、４月〜８月は昔から馴染みのある会社や個人宅の庭園の手入れを行うというサイクルが続いていたことから、当時の大場造園は季節によって収益が変動していたのである。そこで、昭氏は 1980 年に大場造園を株式会社に移行し、公共工事の元請として事業に参入する準備を進めた。

一方、大場氏は 1958 年に生を授かり、物心がついた頃から昭氏の背中を見ながら植木畑で遊んでいた。中学校に進学した時には休日に現場に向かい職人の手伝いに励み、同時に自然と造園業の後継者になることを決心していた。その後、東京農業大学第一高等学校に進学し、造園の専門知識と技術を学ぶために東京農業大学造園学科に進学した。入学時より研究室に所属し、恩師である金井教授の下で研鑽を積みながら、友人や先輩、社会で活躍する卒業生などとの出会いを重ね、人的ネットワークを広げていった。長期休暇の際には、昭氏の下で修業に励み、卒業時には他の職人には負けない程の造園技術を身に着けた。さらには、卒業論文研究も「外部空間と人体との輻射熱授受に関する基礎的研究」をテーマに精力的に取り組み、造園学科の江山賞を受賞した。

大場氏はいよいよ卒業を迎え、さらなる造園技術を習得するべく、昭氏に京都での修行を提案した。しかし、昭氏からは地域資源を活用した造園屋が本物の造園屋だと一喝されたという。そこで、大場氏は卒業後直ちに大場造園に入社することとなった。株式会社になった翌年の 1981 年のことである（**写真４−２**）。

大場氏が入社した当時、大場造園は社長である昭氏、監督、３名の職人、自身の計６名しか属さない小さな会社であった。それでも大場造園は大規模造園工事から庭園の手入れまで様々な作業を受託していた。元来、造園業に携わる職人は仲間意識が強く、助け合いの文化が根付いていたため、大規模工事が発生しても全国各地の協力会社から多くの職人

表4-3 株式会社大場造園経営史と大場淳一氏の年表

年　月	経営展開上の主な出来事	大場 淳一氏年表
1954年	大場昭氏（淳一氏の父）が大場植木を創業	
1971年	有限会社大場造園を設立（資本金200万円）	
1980年	株式会社に組織変更（資本金2,000万円）	
1981年3月		東京農業大学造園学科を卒業
1981年4月	総社員数6名	株式会社大場造園に入社
1983年8月	資本金3,000万円に増額	
1988年7月		専務取締役に就任
1996年5月	第2回東京の庭コンクール東京都職業能力開発協会会長賞を受賞	
1996年7月	企画営業部設計室を設置	
1998年12月	多摩営業所開設、総社員数20名	
2002年	学校校庭の芝生化事業に着手、管理業務の受注拡大	
2003年5月	品質マネジメントシステムISO9001を取得	代表取締役社長に就任
2003年6月		
2006年6月	本社の増床を実施、総社員数25名	東京都造園緑化業協会理事・事業委員長に就任
2007年1月		東京商工会議所杉並部署建設副分科会長に就任
2008年4月	永福にて社員独身寮完成	
2009年4月	相模原作業所を開設	
2010年5月		日本造園建設業協会東京都支部副技術委員長に就任
2010年～		東京農業大学地域環境科学部造園科学科非常勤講師に就任（現在に至る）
2010年10月	第60回東京都建設業者大会にて都知事より感謝状を受領	
2011年6月		NPO法人すぎなみ環境ネットワーク理事に就任
2012年6月		東京商工会議所杉並支部地域振興委員会京王・井の頭ブロック長に就任
2013年		公園管理運営士会関東支部副会長に就任
2015年		東京農業大学教育後援会会長に就任
2016年		公園管理運営士会代議員に就任
2017年	関連会社の株式会社三友を設立（不動産管理）	株式会社三友代表取締役に就任
2018年2月	品質マネジメントシステムISO9001。2015バージョンの移行審査、総社員数32名	
2018年7月	大場二郎氏が代表取締役社長に就任	代表取締役会長に就任
2018年11月		東京農業大学経営者大賞を受賞

出所：株式会社大場造園提供資料より著者作成

写真4-3 株式会社大場造園本社（左）と会社経営について語る大場淳一氏（右）

出所：著者撮影

が作業に協力してくれたという。しかし、大場氏自身は、大場造園が公共工事の元請けとして経営発展を目指す以上、自社で職人を確保することが急務と考えていた。また、自身も職人として修業を地道に積む過程において、造園職人たちの労働環境の在り方に疑問を持つようになった。そこで、大場氏がまず着手したのは、月2回（1日と15日）と雨天時に限った休日を週休制に変更し、給与制度を日給制から月給制とした。

この労働環境の改善により職人やスタッフも次第に増えていったが、他方では社員数の増加に伴う安定的な仕事量が必要となった。入社後、淳一氏は頭角を現し、地元の杉並区を中心に元請けによる受注業務の規模を拡大させていく。数年後には東京都、住宅公団（現：UR都市機構）、国などの公共造園工事を元請けとして手掛けるようになり、会社の業績に大きく貢献した。公共造園工事が順調な成長を遂げていく中で、民間工事においても、多くの顧客から庭園管理や工事などを請け負う機会が増えていく。さらに、1980年代以降にマンションブームにより、当時の緑化事業や造園工事において支配的立場にあった大手ゼネコン[注15]からの下請け受注も増えた。こうした経験を経て、大場造園は官民からの受注を安定的に確保することに成功したのである。

以上の大場氏の貢献が先代社長の昭氏に認められ、1988年には30歳の若さで専務取締役に就任した。ゼネコンの仕事を請け負う中で、学校や病院などの造園工事も元請けとして受注できるようになり、現在の事業に繋がる礎が構築された。

また、後述するように、大場氏は大場造園を企業としての組織づくりにも着手し、経営管理の改善と人材教育に取り組むこととなる。1996年には造園の設計事務所に勤めていた高校時代の同級生を迎え入れて企画営業部設計室を新設するとともに、それまで東京都心部を中心とした事業から東京都多摩地区への事業拡大を視野に入れ、東京都府中市に多摩営業所を新設した。次いで、2003年には造園業界では先駆的に品質マネジメントシステムISO9001を取得し、組織的な品質の確保とそれを実現するための技術継承の仕組みづくりを目指すことになった。同年には、昭氏から経営の譲り受け、代表取締役社長に就任した。年々多様化する業務の対応と進入社員の受入れのため、本社の増床と独身寮の建設にも迅速に取り組んだ。

それまで大場造園の主力事業は行政や民間からの造園工事を受注する工事業務であったが、2002年に大きな転機が訪れることとなる。東京都において二酸化炭素の排出量低減の機運が高まり、杉並区内においても緑被率を高める取組みが模索されていた。こうした中、杉並区より区内校庭の芝生化事業について打診を受けた。それまでは公園や校庭に芝を張る試みは行われていたものの、子供たちが走り回ることで芝の活着が上手くいかず、成功した事例は見られなかった。大場氏も周囲の反対もあり悩んだが、造園仲間に相談し参画することになった。校庭に芝生を敷き管理するには高度な技術が求められるが、杉並区は、1年を通して緑色を保ちかつ繁殖率と活着率も高いスポーツターフを採用した。ま

注15：General Contractor の略で、元請として土木・建築工事の一切を請け負う、大手の総合建設業者。

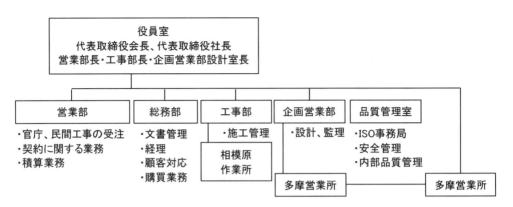

図4-5 株式会社大場造園の組織図

出所：株式会社大場造園提供資料より著者作成

た、環境教育の観点から大場造園社員が生徒や学校関係者、地域住民を巻き込みながら施工するとともに、彼らが協力しながら芝生を維持管理できる方法を確立した。さらには、校庭に芝生が敷かれたことで子供達が校庭でケガなく運動でき、運動能力が高まる効果も実証された。加えて、校庭が地域住民の交流の場になるとともに、近年では防災拠点として注目されている。大場造園による校庭の芝生化事業は瞬く間に全国に広がり、新たな事業として定着している。この校庭の芝生化事業が契機となり夏場の管理業務も増えたことで、大場造園は公共分野と民間分野それぞれにおいて工事業務と管理業務の業務体系を整えることができたのである。大場氏は、校庭の芝生化事業を通して環境教育や地域住民と企業の関係の大切さを実感したことから、杉並区内の NPO 組織や商工会議所のメンバーとして、区内の環境保全や地域振興に関する活動、交通安全活動、防犯パトロールにも積極的に参加している。

　2017 年には、昭氏と大場氏が造園業とともに築いてきた不動産を提供及び管理するために、株式会社三友を設立し、代表取締役社長として不動産管理業を開始している（2018年現在、計9棟を管理）。2018年、大場氏は大場造園の代表取締役社長を弟の二郎氏に譲り、自身は代表取締役会長に就任した。現在、大場氏と二郎氏が代表を務め、大場氏が主に営業責任を、二郎氏が工事責任を担当している。

3）組織の特徴と売上高

　大場造園は、他の造園会社と同様に職人を中心とした施工技術者集団であったが、大場氏の入社当時より人手不足に悩まされた。そこで、先述のように社員の労働環境を改善することで人手不足を解消し、2019 年現在、社員が計 34 名まで増加している。また、行政機関や大手ゼネコン、学校、病院からの元請受注、大手ゼネコンからの下請受注を増やすことで社内部署が確立され、**図4-5** のように組織体制を構築するに至っている。組織は、営業部（工事の受注、契約業務等）、総務部（文書管理・経理等）、工事部（施工管理）、

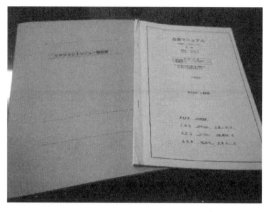

写真４－４ 大場造園における社内会議の様子(左)と品質マネジメントレビュー報告書・品質マニュアル(右)

出所：左の写真は株式会社大場造園提供、右の写真は著者撮影

企画営業部設計室（設計・監理）、品質管理室（安全管理・内部品質管理等）の体制を構築している。大場造園では、昭氏が考案した次の社訓を企業理念としている。「当社に伝わる伝統・技術・技能を社員一人一人が発揮し、よりよい仕事をより安く、お客様におとどけする」である。この企業理念には、社員としての心得・技術・技能を身につけ、お客様に尽くしていくという思いが込められている。

　次に大場造園の売上高であるが、大場氏が入社してから堅調に伸ばしてきた。特に2000年代には管理業務の拡大にも力を入れるようになり、工事業務と管理業務が並行して売上高を増加させている。しかし、工事業務については、社会情勢の変化に伴い受注量と売上高が増減を繰り返す傾向にあることから、大場氏は管理業務の安定受注を図ることが大場造園の経営安定に不可欠だと考えている。大場造園の業務は、公共分野と民間分野に分かれ、それぞれで工事業務と管理業務に分かれる。2019年現在の売上高は約9億3,000万円で、うち工事業務売上高が約4億9,000万円、管理業務売上高が約4億4,000万円、その他売上高が約400万円となっている。

４）人材育成の特徴

　大場造園は、設計士から造園職人まで幅広い人材を有しており、現在では営業活動から設計、受注、施工、引渡しに至るまで一貫して行っている。こうした一貫体制のなかで、大場造園は協力会社に造園技術の伝承することと、全社員と協力会社が一体となってお客様への高品質の製品・サービスを提供することを重視している。工事（施工）では、協力会社に一任せず、大場造園の社員（職人）と協力会社が協同で施工にあたることで、確実な技術伝承を実現している。また、各部署の社員間および経営者と社員のコミュニケーションを、従来から行われていた朝礼の口伝に依存せず、企業として効率的かつ確実に実施できる仕組みを築くことで品質の向上が図られると考えている。こうした、造園技術の伝承、品質確保、社員間コミュニケーションを組織的に運用・管理するため、大場

造園では 2003 年から**品質マネジメントシステム（Quality Management System、QMS）ISO9001**[注16] を導入した。これは、社内ルール、施工手順、管理方法などをシステム的にまとめて、会社で行う仕事の品質確保と技術伝承のツールとし、社員が業務を行う上でのチェック・ポイントを明確にしている。これは現在も続いており、2018 年２月には ISO9001.2008 バージョンから ISO9001.2015 バージョンへの移行審査を完了した。また、品質マネジメントシステムを運用・管理するにあたり、次のような社内会議を設定することで、社員間ならびに社員と協力会社の間で各種情報や技術がどのように共有され、現場で反映されているかをフィードバックしている。

　①役員会：各月に開催し、役員から内外の状況、情報を報告した上で検討し、各部署で社員に指示を出す。また、指示に対する成果を役員会にフィードバックする。

　②安全会議：営業部、工事部、企画営業部設計室が中心となり各月に開催する。社員一人一人が安全活動や現場等での出来事、反省点を自らの言葉で報告し、相互に意見を交わす。終了後は全員で夕食を取り、コミュニケーションの場としている。

　③定例会議：営業部、総務部、工事部、企画営業部設計室が毎週開催する。営業情報、現場情報、社内状況などを報告し、意見交換を行う。

　④安全朝礼：工事部、総務部、各部署にて毎日開催する。当日の注意事項、活動内容について確認を行う。

　⑤大場造園安全大会：年に２回開催する。毎年１月に新年会・安全祈願祭を兼ねて、外部講師（ゼネコン安全管理部）を招聘し、大場造園と協力会社の社員全員が参加し、安全大会を開催している。大宮八幡宮で安全祈願の後、情報交換会兼懇親会を行う。７月の全国安全週間には、安全大会として外部講師（ゼネコン安全担当部署・警察署交通課長）を招聘し、大場造園と協力会社の社員全員が受講し、後に情報交換会兼懇親会を行う。

４．近年における大場造園の主力事業と技術の特徴

１）伝統技術と現代技術の組み合わせによる大径木の立曳き

　大場造園では、創業者や同社職人が継承してきた江戸時代の伝統技術である立曳き工法を現代技術と併せて継承を試みてきた。立曳き工法は、樹木の移植の際に大型クレーンやレッカー等の重機を使用できない場合に用いる技術である。一般的には、①根鉢の前後にカンザシを当て、カンザシの四隅に鉢を固定するキャンバーを噛ませる。②コシタをカンザシ下の左右に縦方向に一本ずつ入れ、コシタがその下に並べたコロの上を進むようにす

注16：品質マネジメントとは、製品・サービスの品質に関して組織を指揮し、管理するためのマネジメントシステムであり、組織として顧客満足を追究、達成し、継続的な改善を図ることを目的とする。また、ISO9001 は、国際標準化機構（ISO）による品質マネジメントシステムに関する国際規格である。内容は品質マネジメントシステムの有効性を改善するため、組織内における業務プロセスを明確（文章化）にし、その相互関係を把握し、運営管理すること、およびシステム化することである。2015 年９月に ISO9001:2015ver として改訂された。2015ver では旧バージョンから、箇条構成の変更、文章化要求の減少、要求事項における項目追加等の変更がある。

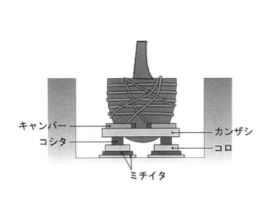

図４－６ 立ち曳き工法のイメージ

出所：一般日本緑化センターホームページより引用

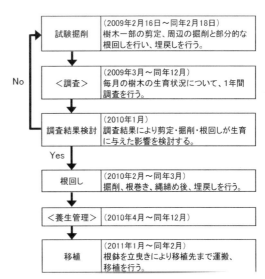

**図４－７ 北里研究所病院における
移植作業の工程**

出所：株式会社大場造園提供

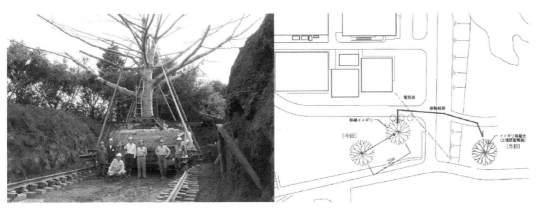

写真４－５ 北里研究所病院におけるイイギリの移植作業（左）と移動経路（右）

出所：株式会社大場造園提供

る。③コロが滑らかに回転するよう、縦方向にミチイタを敷き、さらには縦方向のミチイタを安定させるために、下部に横方向のミチイタを敷く、という技術である（**図４－６**）。この技術の効果としては、樹木の根を多く残しつつ立たせたままゆっくり移動することで、樹木の負担を最小限に抑え移植することができる。樹木を牽引する際には、人力の場合と道具を使用する場合がある。人力の場合は、神楽桟（カグラサン）と呼ばれる道具を使い、数人で根鉢に連結した牽引用ワイヤーロープを巻き取る方法がある。大場造園では、2003 年に個人庭においてモミジの寄せ植えを基盤ごと移したいという高度な依頼に対し、先代の昭氏から受け継がれてきた立曳き工法によって応えた。また、2010 年には北里研究所病院の敷地の**イイギリ**[注17]の大径木（目通り 2.0m、高さ 12.0m、重さ 45t）を２

注17：ヤナギ科の落葉高木で、木の形が桐に似ており、大きな葉を飯を包むために使われたことから「飯桐」と呼ばれるようになった。高さは 10 m～ 20 mで樹皮は灰白色、皮目は褐色である。

99

年間の根回し期間を経て 20m 移植した。立曳き工法は一見すると単純な作業と思うかもしれないが、イイギリの大径木の移植工程を事例にその内情に迫りたい。まず、イイギリの一部を最小限剪定し、併せて周辺部の掘削と部分的な根回しを行う試験掘削から始まった。その後 1 年間をかけ毎月、樹木の生育状況を細かく調査し、結果を施工依頼主と協議しながら本格的に樹木の掘削と根回しを行った。ここで、移植作業が可能か慎重に検討し、可能と判断したところで、8 ヶ月間の養生管理作業と移植のための敷地（道路）造成作業を経て、ようやく移植が行われたのである。他の樹木も同様であるが、立曳き工法は移植先でも樹木が活着するか長期間で慎重に調査する必要があり、最後まで神経を使う大規模工事といえる（**図 4 − 6**、**図 4 − 7**、**写真 4 − 5**）。2015 年には相模原市のケヤキ大径木（目通り 3.72m、高さ 15.0m、重さ約 90t）を立曳きにより、約 1 ヶ月をかけて 100m 移植し、現在も良好に生育している。

　しかし、前述の伝統的な立ち曳き工法を採用する場合、材木や関連道具の高騰により材料費だけで 200 万円〜 300 万円かかるケースもある。このため、樹木 1 本を移植するのにお客様には高額の費用を請求することになる。また、土地の特性上、樹木を一旦地表に上げて、移動させる技術も必要としていた。そこで大場造園は、契約先のゼネコンを通して移植用の道具を所有している曳家を紹介してもらい、別の工法で移植することにした。具体的には、断面が「H」形の H 型鋼を道具として使用し、自在コロを用いて振動を極力抑えながら移動することができるようになり、加えて、油圧型専用ジャッキを活用することで数十トン規模の樹木を数十センチ持ち上げ、下部の処置をスムーズに行うことができるようになった。

2）校庭の芝生化事業

　大場氏の地元である杉並区から依頼を受けて始まった校庭芝生化は、当時は成功した事例がなかった。このため、大場氏は東京農業大学に通い、芝を専門とする教授と意見交換を重ね、芝生の種類とその施工、管理方法に関する研究を行った。試験の結果、使用する芝生に採用したのは、牧草を改良して開発されたスポーツターフであった。スポーツターフは、踏圧によるダメージからの回復力が強く、1 年を通して緑色を保つ性質も有することから、サッカーやラグビー等のスポーツ用天然芝として幅広く利用されている。しかし、良質なスポーツターフを育成するためには、床土の状況や排水環境、校庭への日射状況への配慮が求められる。2002 年に始まった杉並区和泉小学校の校庭芝生化では、約 2,500m2 を手がけることとなった。施工に際し、まずは西洋芝の特性から校庭の排水環境を整えることとした。まず、校庭の地層を重機で約 30cm 剥ぎ取り、底に透水シートを一面に敷きつめ、ドレンと呼ばれる排水官を設置した。そこに浸透生の高い砂を 15cm 被せ、その上に黒土 20％と砂 80％をトラクターで混合させた改良砂を被せ、整地をした後に芝生を播種することにした。和泉小学校の校庭はダスト舗装のグラウンドだったため、芝生の育成を阻害する塩化カルシウムが多く含まれていた。そこで、ダスト舗装を他の砂と混ざ

■芝生の構造（断面）
杉並方式（土混合・冬芝播種）

現在：ティフトン芝をベースの上にペレニアルライグラスを播いている

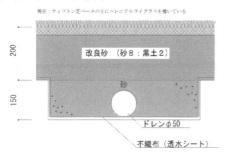

写真４－６ 校庭芝生事業における芝生構造（左上）、緑豊かな校庭芝生（右上）、環境教育としての芝生生育観察（左下）、保護者・地域住民による校庭芝生の管理作業の様子（右下）

出所：株式会社大場造園提供

　らないよう注意を払いながら除去した。スポーツターフ用の芝は配色等を考慮して３種類用意したが、施工した年は１年を通して天候が悪かったため、作業が遅れること12月にようやく温室で発芽寸前まで育成した種を播種した。播種後は上から目砂をかけてシート養生し、灌水しながら生育状況をつぶさに確認し、翌年３月末に活着の良い芝生に仕上げることができた。大場造園では、改良砂（混合土）と冬季の播種による芝の育成技術を杉並方式とした。現在では、他の校庭での施工経験を踏まえて、温室で発芽寸前まで育てた芝生の種をターフとして面ごと剥ぎ取り、そのまま校庭の砂の上に敷き詰める技術を開発したことで、３カ月かかっていた養生期間が２週間に短縮された。併せて校庭を使用できなくなる期間も短縮された。

　また、従来、工事期間中は工事現場を仮囲いによって閉鎖することが一般的であったが、大場造園では工事の様子を小学生、教諭、保護者、近隣住民等に工程段階別に見てもらい、併せて環境保全と芝生に関する環境教育も実施した。工事後の芝生の管理作業に関しては、保護者や地域住民が自主的に作業を担ってもらえるよう、芝刈りや灌水の仕方を指導する管理指導委託を請け負っている。夏休み期間中は人手不足となるため、大場造園社員が中心となり芝生を管理することとした。この校庭の芝生化事業により、夏季期間の管理作業も安定的に受注できるようになった。工事が完成した和泉小学校では、『和泉の芝生　か

**写真4－7 小田急百貨店新宿本館の屋上における屋上緑化事業の様子（左）と
屋上緑化の薄層緑化試験の様子（右）**

出所：株式会社大場造園提供

かわり三か条』が策定され、現在も子供達による芝生プランター作り等の教育が継続されている。また、地域住民を主体とした「和泉グリーンプロジェクト」も設立され、自発的な校庭芝生の管理作業を通した地域コミュニティが生まれている。さらに、教育施設は阪神淡路大震災や東日本大震災の経験から災害時の避難場所としての防災機能が評価されているが、校庭の芝生化は避難者にさらなる安全と安心感を提供できる重要な機能を付加している（**写真4－6**）。

3）OBA 屋上緑化システムの開発

　2000 年に入ると、日本では都市部の緑被率を高める取組みとして、屋上緑化も進められている。大場造園も一時は屋上に植物を植えたり庭園をつくる仕事を受注していた。一方、屋上緑化は土壌厚の荷重制限が設けられ、技術開発において軽量化や薄層緑化がキーワードとなっていた。そこで、大場造園では薄層緑化システムの一環として、大手ゼネコンと肥料メーカーと連携し、人工軽量土壌の開発を試みた。

　ポイントとしては重量のある土壌をいかに軽くし少量で施工できるか、また、植物が生育に必要となる有機質と水分を土壌中に保つことができるかであった。大手ゼネコンの実験圃場で行われた実証研究では、様々な種類の土壌を何パターンも組み合わせ軽量化を図り、加えて土壌の厚さ 3cm で活着する芝生を探した。また、土壌の下には芝生の根を保護できる特殊な透水シートと貯排水ボードを敷設することで、土壌中の水量と養分を適度に保つことができるようにした。

　3 社合同の実証研究によって開発された人工軽量土壌と特殊資材、そして屋上デザインの組合せによる施工法は、「OBA 屋上緑化システム」として商品化され、2005 年より営業販売が進められている（**写真4－7**）。

5．大場造園経営の成功要因と大場淳一氏の目標

1）経営の成功要因
（1）組織体制の構築と公共・民間事業における工事・維持管理業務の安定受注による周年業務体系の確立

　大場造園では、元来の職人を中心とした民間事業の仕事から、公共事業へ参入することで事業拡大を図り、現在では公共事業の売上シェアが多くを占めるに至った。しかし、職人中心の事業形態から、公共事業に参入することは、大場造園にとって予想以上に障壁の高いものであった。民間工事の契約方法は、電話・FAX で注文を受け、職人を発注主と現場に派遣し、材料手配、現場作業を経て、請求書の発行を行うという比較的簡単なものであった。一方の公共事業の場合は、行政機関への指名参加願の作成など、煩雑な書類作成に始まり、現場代理人を確保するなど、現場作業以外にも人手が必要であり、社員がそういった作業環境に対応するのに時間を要した。大場氏はそうしたなかでも組織体制を見直し、品質マネジメントシステムを導入し、社員や協力会社間の **PDCA**[注18] を徹底することで、早期の段階で公共事業部門を確立するに至った。

　また、校庭芝生化事業は、環境教育を機軸とした学校関係者と地域住民との連携事業に繋がり、地域社会における大場造園の社会的価値をさらに高める契機になるとともに、経営としても公共事業の施工業務に夏季の維持管理業務が加わった。さらに、民間事業に関して、大場造園はかつて職人集団であったことから現場での作業指揮命令が確立されており、大手ゼネコンの専門工事業者として造園工事を受注している。ゼネコンを通じて、商業施設等の屋上緑化や病院などの造園工事、管理業務を直接受注する機会も増えている。このため、大場造園では公共事業・民間事業の両方で周年業務体系が完成し、経営の安定化が実現している。

（2）ステークホルダーとの信頼を基軸としたパートナーシップ・マネジメントの実践

　大場造園創業者である大場昭氏は、社訓として「当社に伝わる伝統・技術・技能を社員一人一人が発揮し、よりよい仕事をより安く、お客様におとどけする」を残している。刻々と変化を遂げる社会環境や多様化する市場ニーズにおいても、大場氏、社員はこの言葉を胸に刻み、協力会社と密に連携をとりながら研鑽を積み、質の高い商品・サービスを世に生み出してきた。また、大場氏自身が後述の東京農大経営者大賞受賞記念講演にて強調するように、顧客（個人、民間企業、公共機関等）や得意先、協力会社、業界組織、東京農大、地域住民といったステークホルダー（利害関係者）との「一期一会」の心を大切にし、今日まで歩んできた。具体的には、大場氏は、昭氏が代表を務めていた時代からの得意先に

注18：PDCAサイクルとも呼ばれる。ウォルター・シューハートが考案した経営管理手法の1つ。Plan（計画）、Do（実行）、Check（検証）、Act（改善）を繰り返すことによって経営改善が進むとされる。

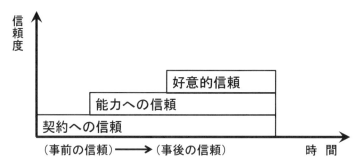

図4−8 パートナーシップマネジメントにおける信頼と継続性の関係

出所：張（2004）より引用

はもちろんのこと、新しい顧客に対しても真摯に対応するとともに、業界組織や東京農大、地域社会との関係を大切にしてきた。そうした「一期一会」を実践し、研鑽に励む大場氏の心と姿勢が、ひいてはステークホルダーとの信頼関係の構築へと結実し、公私に渡る広い人脈形成と友好関係の維持につながっている。こうした信頼の重要性については、経営学においてもパートナーシップ・マネジメントの構成要素として示されている。企業間パートナーシップを提唱した張（2004）によれば、企業（組織）間関係においては、時間の経過とともに契約関係の信頼と能力（技術・技能、各種作業、資格所有）への信頼に、好意的信頼関係（公私に渡る友好）が積み重なり、信頼関係の高度化と継続性が実現する。このような大場氏とステークホルダーの信頼関係は、やがて大場造園のブランド価値を高め、強固にしたことに他ならないのである（**図4−8**）。

2）大場淳一氏の今後の目標

　大場氏は、2018年に代表取締役社長を弟の二郎氏に譲り、自身は代表取締役会長として大場造園の経営管理と営業に力を注いでいる。農業と同様、担い手不足が顕在化するとともに、土木業等の他産業からの参入が進展し市場競争が激化する造園業界においては、働き方改革による後継者の確保、作業の効率化、事業拡大が急務となっている。そこで、大場氏は造園業の社会的イメージの払拭という意味も込め、女性の職人チーム（仮称：大場造園レディース職人部隊）を編成と女性職人の確保、育成を視野に女性寮を整備している。また、社内のインターネット環境の整備と専門人材を確保することで、受注〜契約までの事務システムや組織運営のための品質管理マネジメントシステムの管理方法を改善し、いっそうの作業効率化を図ることを当面の課題としている。さらに新規事業として、他産業や競合他社との差別化と自社の競争力を高めるべく、近年制度化された**プロポーザル型公園管理運営**や[注19]

注19：プロポーザルとは、業務の委託先や建築物の設計者を選定する際に、複数の者に目的物に対する企画を提案してもらい、その中から優れた提案を行った者を選定することである。これまで公園の管理・運営主体は主として地方自治体であったが、来園者サービスや集客効果の向上を図るため、自治体が民間企業の優れた管理技術や経験を有する事業者を公募によるプロポーザル方式で選定する事例が増えている。

公園指定管理業務、Park-PFI（公募設置管理制度）[注21]への参画を目指している。[注20]

　また、2017 年には株式会社大場造園の関連会社として株式会社三友を設立し、大場氏が代表取締役社長に就任した。先代の昭氏は、かつて祖父より固定資産を相続し、大場植木、大場造園の経営と並行して、不動産管理を行っていた。2018 年に昭氏が他界すると、大場氏が不動産を継承、管理することとなった。そこで、多くの不動産を効率的に経営管理するため、"兄姉三人の友情" を願い三友を立ち上げ、不動産管理方法を一から検証することとしている。

　一方、大場氏はこれまで、一般社団法人東京都造園緑化業協会、日本造園建設業協会、公園管理運営士会で役職を歴任し、造園業界を牽引している。近年では造園に関する業務範囲が広がり、新しい技術も次々と誕生し、資格も生まれている。こうした中で、これまでの伝統と新しい感性をバランス良く融合させ、次世代の日本造園界を担っていく後継者の育成を目標としている。

＜課題１：株式会社大場造園の経営環境について、外部環境と内部環境に区分し SWOT 分析を用いて説明しなさい。＞

＜課題２：株式会社大場造園の成長要因の１つに、品質マネジメントシステムの導入、活用が挙げられる。日本における農業・食品関連企業において、品質マネジメントシステムに取り組む事例を２つ挙げ、導入のねらい、運営方法、導入に伴うメリットについて記述しなさい。＞

＜課題３：株式会社大場造園では、どのようにして周年業務体系を確立し収益の安定化を実現できただろうか。本文と参考情報を元に整理しなさい。＞

【参考情報】東京農大「経営者大賞」受賞記念講演要旨　大場淳一氏

　ご紹介をいただきました大場淳一と申します。どうぞよろしくお願い致します。この度は、このような名誉ある東京農業大学経営者大賞を頂戴しまして誠にありがとうございました。また、本日まで私をご指導いただきました東京農業大学の先生方、先輩方に衷心よ

注20：指定管理者制度（地方自治法第 244 条 2）に則り、公園等の管理業務を民間事業者が行うこと。指定管理者になると、民間の手法を用いて、柔軟性のある施設の運営を行なうことが可能となる。当該施設において利用料金を徴している場合、得られた収入を地方自治体と管理者の協定で定められた範囲内で、管理者の収入とすることができる。

注21：2017 年に都市公園法が改正され、飲食店、売店等の公園利用者の利便の向上に資する公園施設の設置と、当該施設から生ずる収益を活用してその周辺の園路、広場等の整備、改修等を一体的に行う者を、公募により選定する制度である。都市公園に民間の優良な投資とノウハウを誘導し、公園管理者の財政負担を軽減しつつ、公園の質の向上、利用者の利便向上を図ることが期待されている。

り厚く御礼を申し上げます。私の本日の講演テーマは「一期一会」でございます。

　私の祖父は農家でした。父の昭は農家から植木屋になり、やがて造園会社を設立しました。そして私が造園会社を引き継ぎ、事業を拡大するとともに経営管理体制を構築してきました。先代と私がそれぞれ何を考え、どのように歩んできたかをお話しすることによって、私と同じような境遇にある学生さん達に少しでもお役に立てるのではないか、また、私が経営者大賞を頂いた成果につながるのではないかと思っています。

　父は植木職人で、伝統的な造園技術・技能を大切にしてきた人です。他界するまで私や社員に「技術・技能を大切にしなさい」と常々言っていました。父はそうした思いを社訓にも記しています。弊社の企業理念は父が残した社訓を継承していますが、伝統技術・技能を大切にしつつ、社員一人一人がその時代に合った技術を確立し技能を高めることによって、お客様に高品質のものを安価でお届けするということが大事だと戒めています。

　次に弊社の概要です。代表取締役会長の私と代表取締役社長の弟の2名で代表を務めています。私が社長に就任した当時、父がやはり代表者でした。いつどのようなことがあっても会社は残さなければいけないという思いから、弊社は常時2名の代表体制としています。本社所在地は東京都杉並区で、東京農業大学から車で北に向かって20分ほど走った住宅街にあります。農大から弊社に来るためには、実は自転車が一番早く、荒玉水道をまっすぐ走り住宅街を通り抜けると到着します。

　弊社の沿革としては、父が1954年に結婚を機に大場植木を創業し、1971年に有限会社大場造園を設立しました。そして1980年に公共工事への参入を視野に株式会社に変更しました。当時の資本金は2,000万円でした。翌1981年に私は東京農業大学造園学科を卒業しました。そして、卒業後に私が入社してから、本格的に公共事業に着手することとなり資本金も3,000万円に増額しました。それから少し間が空きますが、平成10年には東京都多摩方面の事業拠点として多摩営業所を開設しました。2003年に私が代表取締役に就任し、この年に品質マネジメントシステムとしてISO9001を取得しました。2006年には、事業拡大に伴い社屋が狭くなりましたので増床しました。平成20年、もともとあった社員寮を、若手従業員や女性従業員の雇用増を見据えて独身寮を設立しました。2009年には、お客様への対応を迅速に行うため相模原に作業所を開設しました。そして2017年に、私は大場造園の子会社となる株式会社三友の代表者に就任、2018年に大場造園の社長を弟に引継ぎ、私が会長に就任しました。

　現在、弊社が所属する団体は、公共事業関係として東京都造園緑化業協会、日本造園建設業協会があります。弊社では私が営業代表を担当していますので、私はこちらの団体に参加しています。一方、職人やその親方が所属する団体として日本造園組合連合会、東京都造園クラブがあります。職人、親方が集まり勉強会等を行う組合です。こちらは社長の弟が参加しています。NPO法人リニューアル技術開発協会は、主にマンションのリニューアル関係でお世話になっています。さらに、弊社がボランティア活動を行うにあたりお世話になっているのが、東京商工会議所とNPO法人すぎなみ環境ネットワークです。

　それでは、ここからは弊社の歴史について具体的に紹介します。創業者の父は昭和 6 年に生まれました。父は太平洋戦争の戦乱のなか 7 人兄弟の末っ子として生まれました。父は小学校、旧制中学に進学しますが、幼いころから実家の農業を手伝い、やがて植木職人の修業に行きました。当時、日本造園界の第一人者である春日時太郎さんの一番弟子に近藤仁三郎さんという親方がいました。近藤さんは父の自宅の近所に住んでいましたので、通っては厳しい修行を受けて過ごしたそうです。父は 1954 年に 23 歳での結婚と同時に独立し、やがて大場植木を設立しました。独立当時、世の中の植木屋は養成販売が事業の中心でした。1955 年当時の東京は戦後から復興を遂げ、高度経済成長期下の東京オリンピック開催もあり都市開発が盛んに行われていました。大場植木は他の造園会社や植木屋からの下請けとして、都市開発の工事にも参画していました。後に元請けとして公共工事に着手することになりますが、父は下請け時代に教えていただいたことが、大変勉強になったと述べていました。

　さて、私は父から「将来は植木屋になりなさい。家業を継ぎなさい」と言われた覚えはありません。気がついたときには家業を手伝うようになり、やがて東京農業大学第一高等学校に通い、東京農業大学造園学科に進学しました。いよいよ農大卒業の目途が立ったところで、私は父に「親父も修業に行ったから俺も修業に行ってくる。庭園づくりの修行をしたいから修行先は京都だよね」と相談しました。ところが父からすかさず一喝されました。父からは「おまえは農大で何を勉強してきたんだ。地域にある資源で庭園を造るのが植木屋の仕事だ。違う場所で修業したところで、ここでおまえはよいものができると思うのか。」と言われました。現時点の私であれば、自身の経験から父に反論できたかと思いますが、その当時は一言も言い返すことができませんでした。

　私は卒業後すぐに大場造園に入社しました。ちなみに、当時の弊社は父と私、監督 1 名、職人 3 名の小さな会社でした。私が入社してから父からは「お金はどこにでも落ちているぞ。それを拾ってこられるか、こられないのかはおまえ次第だ。おまえにその技量があれば、お金を拾ってこられる。拾ってこられなければ、おまえに技能がないんだ。現場に出たら手ぶらで帰って来るんじゃない。おまえには立派な手が 2 本もあるだろう。」と何度も言われたのを今でも覚えています。

　入社して自分なりには一生懸命やっていたつもりでしたが、一方で父の経営方法にも不満はありました。当時の植木屋は、日払い制で給料が安定しない、休日も各月の 1 日と 15 日で運良く雨が降ればお休みになるという労働環境でした。また、父は工事主体で事業を展開していましたが、季節等によって仕事量が異なっていました。これでは、会社の収入が安定せず、職人の生活を支えることができません。さらには、新たに職人を雇用することができません。私は若いながらも「職人の労働環境を改善するためにはどうしたらよいだろうか」と常々考えていました。そこで、まずは日給制を月給制にし、日曜を定休日にしました。一方、会社経営者として収入をきちんと得なければいけないと考え、工事だけでなく管理業務も行うことにしました。当時の職人達は、除草作業や手入れ作業といっ

た管理作業は好まなかったように思います。ただ、そこをきちんと業務として担うことによって安定的に収入が得られるのではないかと思い、私から父や職人を説得しました。そこで、３月〜６月、そして夏季を挟んで９月〜12月までは管理業務のおかげで収入が何とかつながりました。１月〜２月は、小さな会社ゆえに苦労しましたが、先輩方の助言等のおかげで公共工事も安定的に受注できるようになりました。

　しかし、猛暑となる７月〜８月は１年で最も手が空く時期でした。周年の業務体制を構築するためにも７月〜８月にも何か仕事ができないだろうかと考えていたところ、校庭の芝生化という話が出ました。日本で校庭に芝生を敷く事業が始まったのは、平成12年頃と記憶しています。世の中で環境問題が騒がれ、杉並区でも区内の緑被率向上が求められていました。しかし、杉並区には新たに森林を造成できる土地はなく、ようやく見つけた用地が校庭でした。区内のどの学校にも2,000m^2〜3,000 m^{2}規模の校庭はありましたが、ダスト舗装で、風が吹くと砂埃がたつ、夏場は暑い、転んだらケガをするといった課題も顕在化していました。そこで、校庭に芝生を敷き詰めれば、区内の緑被率も一気に上がるし、景観もよく、ケガのリスクを軽減できるのではないかということから、弊社が芝生化事業を請け負うことになりました。問題はこれまでの造園工事の中で、芝生化事業に関しては公園工事で経験していましたが、芝生がうまく活着しなかったということです。施工後に子どもたちが公園で遊べば遊ぶほど、芝生がはげてしまう。そして、そのまま残った芝と後から生えてきた雑草が伸びて景観も悪くなってしまうというのが通例でした。そこで開発されたのが、スポーツターフを利用した芝生でした。これはもともと牧草の改良品種であり、繁殖が早く活着も良いことから、芝生として活用されるようになりました。また、弊社では校庭の芝生化事業にあたり、工事と並行して環境教育も行うことにしました。弊社社員から学校の子供達はもちろんのこと、保護者、先生方にも芝生の機能や種類等を丁寧に説明しました。さらに、工事を行うために仮囲いをするのが一般的ではありますが、一つずつの工程を皆さんに見ていただき、説明することがこの事業のポイントとなりました。先生方にご協力いただき、子供達には芝生の生育状況を絵に書いてもらったり、芝生を求めてやってくる昆虫を観察してもらいました。そして、もうひとつこの事業の重要なポイントとなったのが管理作業です。弊社が管理全般を担うのではなく、保護者や地域の方々に積極的に作業を担っていただけるよう、芝刈りや灌水の仕方を教える管理指導委託を請け負っています。しかし、夏休み期間中はどうしても人手不足となりますので、弊社社員が中心となって毎日伸びる芝生を管理する作業を行います。この校庭の芝生化事業により、先ほど述べました７月〜８月の仕事も安定し、弊社では１年間の業務を確立することができました。

　職人も次第に増え、次に考えたことが会社として社員をどのように管理、育成していくかということです。私が社長に就任し、まずは会社の中のコミュニケーション作りが大切ではないかと考えました。社員とのコミュニケーション方法としまして、従来は朝礼がメインでした。そこで、現場の打合せや月間予定の共有等を規則的に行うべく、社内コミュ

ニケーション作りを進めました。具体的には、週に1回、設計部、営業部を交えながら現場の問題点や進捗状況等を抽出し共有する。毎月第1金曜日に全体会議を開催し、職人、工事部、営業担当が一堂に集まり、1ヶ月に起きたことを自分の言葉で明確に説明する、仲間の発言を聞くという訓練を行う。そして、年に2回協力会社も集めて安全大会を開催する、等があります。打合せや勉強会に限らず、雑談をしながら一緒に食事をとることも重視しています。このような社員間のコミュニケーションを規則的に行うために導入したのが、品質マネジメントシステムISO9001です。このシステムが世の中で導入された当初は、用意する書類が大量かつ煩雑になるとか、仕事量が増えるとか、作業から戻ってきて残業が増える等により作業効率の低下をまねくものと批判されていました。しかし、弊社が目指すISO9001は、紙1枚でできる簡単なものです。いつ、誰が、どこで責任を持って作業成果をチェックするか、作業を引き継ぐのかを明確にし、これらを基に紙1枚で発注、受注、精算まで完結させるという試みです。現在では、これまで蓄積してきた経験からスマートフォンを活用したシステムを構築できるよう検討しているところです。

このような仕事をさせていただきながら、小さな植木屋で6名からスタートした大場造園は、現在では社員数34名、売上高は9億円まで成長するに至りました。私が社員にいつも伝えている言葉があります。「会社は1人ではできない。僕がいくら頑張っても、木というのは一人では動かすことができない。みんなで頑張ろうね」、「社員一人一人が営業マンになってほしい。『自分は職人だから営業は全然関係ないよ。職人は汚くてもよいし、挨拶もろくしなくてもいいよ』という考えは持たないでほしい。お客様に会った時には、笑顔で『おはようございます。やらせていただきます。ありがとうございました』という言葉と謙虚な姿勢で対応する。そうすればお客様も安心して仕事を任せてくれるよ。」。これに関連して、今後は「大場造園レディース職人部隊」のような女性の職人チームを作りたいと考えています。造園業は男だけの世界、きつくて汚れる労働環境という社会イメージを払拭したいと思います。

もう1点、私が社員に伝えていることが、「何でもいいから業務に関係することでナンバーワンになってほしい」ということです。新入社員に「ナンバーワンになれ」と言ってところで「何でナンバーワンになればよいのでしょうか」と質問されるわけですが、私は「何でもいいよ。掃除が得意なら掃除がナンバーワンになればいい。穴掘りが得意なら穴掘りでいい。植木の剪定が得意なら剪定でいい。」と答えます。「穴掘り、掃除、剪定、移植、重機操作。ナンバーワンがそろえば、会社自体もナンバーワンになるじゃないか。私は造園業でナンバーワンを目指しているのだから、君たちもチャンレジしなさい」と伝えています。

本日最後に、スクリーンの写真をご覧下さい。これは北里研究所病院で樹木の移植を弊社が手掛けた様子です。10年間を費やし、戸田建設が白金の北里研究所病院の建替え工事を行いました。当時、戸田建設の今井さんという所長の方がおいでになられて、北里研究所病院の造園の仕事は大場造園に任せると可愛がっていただきました。また、ノーベル

生理学・医学賞を受賞された大村智先生にも可愛がっていただきました。私が北里研究所病院での造園工事の打合せで少しでもおかしなことを言うと「大場君、それは違うんじゃないの」と即座に返してきました。大村先生が何故、植木についてご存知なのか先生の秘書に尋ねたところ、打合せ前に専門書を何十冊も読み勉強されていたと教えていただきました。また、大村先生は美術に造詣が深いことでも知られています。女子美術大学の理事長も務められ、後に故郷の山梨県韮崎市に韮崎大村美術館を造られたことは有名な話ですが、北里研究所在籍時代も入院している方々にゆとりのある生活を提供し、少しでもよくなってほしいという思いから、北里研究所病院の中に絵を飾る等、医療の中にアートを一生懸命取り入れられていました。このように、大村先生は専門分野にとどまらず、他分野にも積極的に関心を持ち貢献されているのです。

　その大村先生がノーベル賞を受賞された際のスピーチ中で、最後にお話されたのが「一期一会」という言葉です。大村先生は、「一期一会、人との出会いとお付き合いを大切にしてきた。そうした人とのつながりのおかげで、ノーベル賞をいただくことができました。」と述べられたそうです。先日、大村先生にお目にかかる機会があった際に、私は東京農大経営者大賞に選ばれたことを報告しました。大村先生からは「大場君も一期一会を大切にしているね。一期一会を積み重ねてきたことが受賞につながったのではないかな。」と述べられました。私は東京農大に入学した時に友人を 1 人でも多くつくろうと思いました。そして、農大を卒業してから今日に至るまで卒業生の方々とお話をする機会を大事にしてきました。現在も東京農業大学のＯＢ会、リカレントスクール、緑友会といった集まりは、私にとって勉強の場として、先輩方にお会いする機会として有用な機会となっています。そして、新たにお世話になる東京農大経営者会議も私にとって大事な出会いの場です。

　本日の東京農大経営者フォーラムで皆さんにお会いしたことは、私自身の今後の人生に大きな励みになると確信しています。学生の皆さんも、どうか「一期一会」を大切にし、素晴らしい人生を歩んでいただきたいと思います。

　以上で講演を終了させていただきます。ご清聴いただき誠にありがとうございました。

【参考文献・ウェブページ】

［1］赤坂信編・造園がわかる研究会著（2015）:『造園がわかる本』、彰国社。

［2］粟野隆（2018）:『近代造園史－ Modern Landscape Architecture-』、建設資料研究社、pp.40 〜 56。

［3］張淑梅（2004）『企業間パートナーシップの経営』、中央経済社。

［4］東京農大経営者会議編（2017）:『東京農大経営者の群像（第 1 巻）』、東京農業大学校友会・株式会社農大常盤松、pp.211 〜 218。

［5］東京農業大学（2018）:『創立 127 周年記念　東京農大経営者フォーラム 2018　講

演要旨集』

［ 6 ］藤井英二郎・松崎喬編集代表、上野泰・大石武朗・中島宏・大塚守康・小川陽一編(2018)：『造園実務必携』、朝倉書店。

［ 7 ］吉田和夫・大橋昭一 監修、深山明・海道ノブチカ・廣瀬幹好編（2010）：『最新基本経営学用語辞典』、同文館出版。

［ 8 ］一般社団法人建設経済研究所(2018)「II．建設関連産業の動向 －造園工事業－」『研究所だより （No.350)』、pp.13 ～ 19、（http://www.rice.or.jp/regular_report/pdf/monthly/Month350.pdf）（最終閲覧日 2020 年 1 月 12 日）。

［ 9 ］一般社団法人日本造園建設業協会（2018）『造園建設業の仕事入門』（http://www.jalc.or.jp/pdf01.pdf）（最終閲覧日 2020 年 1 月 12 日）。

［10］一般社団法人日本緑化センターホームページ内緑化技術情報、緑化樹木の移植技術（http://www.jpgreen.or.jp/kyoukyu_jyouhou/gijyutsu/ishoku/index4.html）（最終閲覧日 2020 年 1 月 16 日）。

［11］入江皓多・押田佳子・奥田和記（2017）「植木屋に見るわが国の造園業発展プロセスに関する研究」、『平成 29 年度日本大学理工学部学術講演会予稿集』（https://www.cst.nihon-u.ac.jp/research/gakujutu/61/pdf/F2-39.pdf）（最終閲覧日 2020 年 1 月 12 日）。

［12］株式会社大場造園ホームページ（http://www.obazouen.co.jp/）（最終閲覧日 2020 年 1 月 15 日）。

［13］国土交通省ホームページ（http://www.mlit.go.jp/）（最終閲覧日 2020 年 1 月 15 日）。

［14］杉並区公式ホームページ（https://www.city.suginami.tokyo.jp/index.html）（最終閲覧日 2020 年 1 月 18 日）。

索　引 ［専門用語・キーワード解説］

執筆者紹介 ［五十音順、＊印は編者］

天野香（あまの・かおり）
東京農業大学農学研究科　国際バイオビジネ学専攻
博士前期課程在学中
　［主要著書・論文等］
　　バイオビジネス・17（2019）、世音社、共著

井形雅代（いがた・まさよ）
東京農業大学国際食料情報学部国際バイオビジネス学科　准教授
専門領域：農業経営学、農業会計学
　［主要著書・論文等］
　　バイオビジネス・8（2010）、バイオビジネス・9（2011）、バイオビジネス・11（2013）、
　　バイオビジネス・12（2014）、バイオビジネス・13（2015）、バイオビジネス・14（2016）、
　　家の光協会、共著、バイオビジネス・16（2018）、バイオビジネス・17（2019）、世音社、共著
　　我が国における食料自給率向上への提言［PART-3］（2013）、筑波書房、共著
　　我が国における食料自給率向上への提言［PART-2］（2012）、筑波書房

今井麻子（いまい・あさこ）
東京農業大学国際食料情報学部
国際バイオビジネス学科　助教
専門領域：ミクロデータ分析、マーケティングリサーチ
　［主要著書・論文等］
　　バイオビジネス・17（2019）、世音社、共著
　　『南大東島のさとうきび生産に関するミクロ経済分析』（学位論文（博士））
　　今井麻子・中嶋康博「圃場データに基づくサトウキビ生産のパネルデータ分析－南大東島における潜在的土地生産性からみた規模間格差の一考察－」『フードシステム研究』第18巻3号（2011）
　　今井麻子・中嶋康博「さとうきび農家の作型・品種選択要因：南大東島を対象に」『2014年度日本農業経済学会論文集』（2014）

大野友楓（おおの・ゆうか）
東京農業大学国際食料情報学部
国際バイオビジネス学科在学中

小泉結（こいずみ・ゆい）
東京農業大学国際食料情報学部
国際バイオビジネス学科在学中

佐藤和憲（さとう・かずのり）
東京農業大学国際食料情報学部
国際バイオビジネス学科 嘱託教授
専門領域：青果物流通・マーケティングおよび園芸経営の経営戦略
［主要著書等］
　青果物流通チャネルの多様化と産地のマーケティング戦略（1998）養賢堂、単著
　フードシステムと地域再生（2014）、農林統計出版、共著
　フードシステム革新のニューウェーブ（2016）、日本経済評論社、共著　他

SAVILLE RAMADHONA（サフィル・ラマドナ）
東京農業大学国際食料情報学部国際バイオビジネス　助教
専門領域：データ解析、スマート農業
［主要著書・論文等］
A study of the numerical analysis of ICT and sensor network applications toward sustainable coastal fishery（2016）、（学位論文（博士））
Application of information and communication technology and data sharing management scheme for the coastal fishery using real-time fishery information、Ocean & Coastal Management 106 巻（2015）、共著　他

＊渋谷往男（しぶや・ゆきお）
東京農業大学国際食料情報学部国際バイオビジネス学科　教授
専門領域：農業経営学、農業経営組織論、農業経営戦略論
［主要著書・論文等］
　バイオビジネス・10（2012）、バイオビジネス・11（2013）、バイオビジネス・13（2015）、家の光協会、共著
　バイオビジネス・16（2018）、バイオビジネス・17（2019）、世音社、共著
　東日本からの真の農業復興への挑戦－東京農業大学と相馬市の連携－（2014）、ぎょうせい、共著
　次世代土地利用型農業と企業経営－家族経営の発展と農業参入－（2011）、養賢堂、共著
　戦略的農業経営（2009）、日本経済新聞出版社、単著　ほか

新部昭夫（にべ・あきお）
東京農業大学国際食料情報学部
国際バイオビジネス学科　教授
専門領域：経営情報学、動物遺伝学、作物モデリング
　［主要著書等］
　　バイオビジネス・3（2003）、バイオビジネス・9（2011）、バイオビジネス・12（2014）、以
　　上家の光協会、共著
　　バイオマス利活用における住民の認知と経済評価（2010）、農林統計出版、共著
　　我が国における食料自給率向上への提言（2011）、筑波書房、共著
　　我が国における食料自給率向上への提言 [PART-2]（2012）、[PART-3]（2013）、以上筑波書房、
　　共著

＊**半杭真一**（はんぐい・しんいち）
東京農業大学国際食料情報学部
国際バイオビジネス学科 准教授
専門領域：農産物のマーケティング、消費者行動研究
　［主要著書等］
　　バイオビジネス・16（2018）、バイオビジネス・17（2019）、以上 世音社、共編著
　　「イチゴ新品種のブランド化とマーケティング・リサーチ」（2018）、青山社、単著（令和元年度
　　日本農業経営学会学会賞（学術賞））

舛舘美月（ますだて・みづき）
東京農業大学国際食料情報学部
国際バイオビジネス学科在学中

山下茉莉（やました・まつり）
東京農業大学国際食料情報学部
国際バイオビジネス学科在学中

山田崇裕（やまだ・たかひろ）
東京農業大学国際食料情報学部
国際バイオビジネス学科 准教授
専門領域：農業経営学、農業のコミュニティビジネス
　［主要著書等］
　　バイオビジネス・5（2007）、バイオビジネス・6（2008）、バイオビジネス・9（2011）、
　　バイオビジネス・10（2012）、バイオビジネス・11（2013）、バイオビジネス・12（2014）、
　　バイオビジネス・13（2015）、バイオビジネス・14（2016）、以上 家の光協会、
　　バイオビジネス・16（2018）、バイオビジネス・17（2019）、以上 世音社、共編著
　　自助・共助・公助連携による大災害からの復興（2017）、農林統計協会、共著
　　「都市農業振興基本法」制定下における JA による農業体験農園の開設・運営および普及にむけ
　　た支援の実態と課題−関係主体の連携状況と支援組織の経営資源に着目して−、
　　協同組合奨励研究報告第四十四輯（2019）、単著

東京農業大学 国際食料情報学部 国際バイオビジネス学科

1998 年に設置された生物企業情報学科が母体であり、2002 年の大学院国際バイオビジネス学専攻の設置を経て、2005 年 4 月から国際バイオビジネス学科と名称変更した。国際バイオビジネス学科では、国際的な感覚を持った農業・食品系企業の経営幹部や経営の中核を担う、食料の生産、加工、流通等にかかわる経営管理やマーケティング、情報処理などの知識を身に付けた人材の養成を目標としている。そのため、「経営・情報」「マーケティング戦略」の 2 分野を設置し、学生の将来目標にあわせた教育カリキュラムを用意している。また、毎年留学生を受け入れるとともに、英語教育の強化、海外でのバイオビジネス実地研修など、バイオビジネスの国際化に対応できる人材の育成を目指している。さらに、1 年次から少人数によるゼミナール教育を実施したり、3 年次、4 年次にはゼミナール単位で視察研修を実施するなど、新時代に対応できる特色ある教育システムを採用している。

　連絡先：〒 156 - 8502　東京都世田谷区桜丘 1-1-1

バイオビジネス・18　高品質が牽引するマーケティング戦略

令和 2 年 3 月 27 日　第 1 版発行

編著者──東京農業大学国際バイオビジネス学科
渋谷往男・半杭真一

発行所──世音社
〒 173-0037
東京都板橋区小茂根 4-1-8-102
電話・FAX──03-5966-0649

印刷・製本──株式会社ピー・アンド・アイ